海鹰智库丛书

HYPERSONIC TECHNOLOGY

高超声速
技术篇

北京海鹰科技情报研究所 汇 编

蔡顺才 主 编

周 军 副主编

沈玉芃 杨文钰 参 编

北京理工大学出版社
BEIJING INSTITUTE OF TECHNOLOGY PRESS

图书在版编目（CIP）数据

海鹰智库丛书. 高超声速技术篇／北京海鹰科技情报研究所汇编. —北京：北京理工大学出版社，2021. 1
ISBN 978-7-5682-8990-0

Ⅰ. ①海…　Ⅱ. ①北…　Ⅲ. ①高超音速飞行器-文集　Ⅳ. ①TJ-53 ②V47-53

中国版本图书馆 CIP 数据核字（2020）第 163563 号

出版发行／北京理工大学出版社有限责任公司
社　　址／北京市海淀区中关村南大街 5 号
邮　　编／100081
电　　话／（010）68914775（总编室）
（010）82562903（教材售后服务热线）
（010）68948351（其他图书服务热线）
网　　址／http：//www. bitpress. com. cn
经　　销／全国各地新华书店
印　　刷／保定市中画美凯印刷有限公司
开　　本／710 毫米×1000 毫米　1/16
印　　张／12. 75
字　　数／164 千字
版　　次／2021 年 1 月第 1 版　2021 年 1 月第 1 次印刷
定　　价／58. 00 元

责任编辑／孙　澍
文案编辑／朱　言
责任校对／周瑞红
责任印制／李志强

海鹰智库丛书
编写工作委员会

FOREWORD / 前言

武器装备作为世界各国维护国家安全和稳定的国之利器，其技术的先进程度一直备受瞩目。随着新时期武器装备持续升级，作战样式和概念持续更新，技术创新与应用推动国防关键技术和前沿技术不断取得突破。近年来，北京海鹰科技情报研究所主办的《飞航导弹》《无人系统技术》、承办的《战术导弹技术》期刊，围绕世界先进装备发展情况开展选题，陆续组织刊发了一系列优秀论文，受到了广泛关注。

为全面深入反映世界导弹武器系统相关技术领域的发展和研究情况，帮助对武器装备相关技术领域感兴趣的广大读者全面、深入了解导弹武器装备相关技术领域的研究成果和发展动向，北京海鹰科技情报研究所借助《飞航导弹》《战术导弹技术》《无人系统技术》三刊的出版资源，结合当前研究热点，从总体技术、导航制导与控制、人工智能技术、高超声速技术、电子信息技术等五个领域入手，每个领域汇集情报跟踪分析、前沿技术研究、关键技术研究等相关文章，力求集中反映该领域的发展情况，以专题形式汇编成书，五大领域集合形成海鹰智库丛书，旨在借助已有学术资源，通过信息重组，挖掘归类形成新的知识成果，服务于科技创新。

本书在汇编过程中，得到了各级领导和作者的大力支持，编写工作委员会对丛书进行了认真审阅和精心指导，编辑人员开展了细致的审校工作。在此，向为本书出版作出努力的所有同志表示衷心的感谢！

尽管编撰组作了大量的工作，但由于时间仓促，水平有限，书中有不妥之处在所难免，恳请读者批评指正。

2020 年 8 月

CONTENTS / 目录

“布拉莫斯”系列超声速巡航导弹发展综述

刘　亿　董受全　隋先辉　胡　海

本文介绍了“布拉莫斯”系列超声速巡航导弹的研发历程和发展现状，分析了其战技性能，着重对不同装载平台上导弹及武器系统的技术特点、工作方式进行了介绍和分析。

引 言

2016 年 8 月 3 日，印度政府批准陆军采购近百枚升级版“布拉莫斯”超声速巡航导弹并计划部署在该国东北部地区。该导弹由印度与俄罗斯联合开发，经过十多年的研究开发与改型发展，在基本型“布拉莫斯”超声速舰舰导弹的基础上，发展形成了涵盖舰载、机载、潜射及岸基等型号，具备能够打击水面和陆上目标的国际领先的系列超声速巡航导弹武器系统。据悉，该导弹将出口越南，将在我国西部边境和南海周边对我国陆地目标和海上舰船构成双重威胁。

1 发展历程

印度一直在谋求自主发展导弹武器。早在 1983 年，就发起了综合导弹发展项目，这个项目计划通过发展中程和近程导弹满足其自身需求。20 世纪 90 年代海湾战争后，印度意识到需要装备一型巡航导弹武器系统，原项目就此中断，开始了发展巡航导弹。1998 年 2 月 12 日，印度前总统阿卜杜拉 · 卡拉姆与俄罗斯国防部第一副部长在莫斯科签署了政府间谅解备忘录，由印度国防部研究与发展局与俄罗斯导弹生产和设计商联合体在印度联合组建布拉莫斯航空航天合资公司，决定在俄罗斯“白玛瑙/宝石”反舰导弹出口型的基础上，联合研制代号为 P-J10 的“布拉莫斯”超声速巡航导弹。1999 年开始基本型舰舰导弹的设计，2001 年 6 月 12 日首次试射成功，2004 年舰舰导弹开始批量生产，并于 2007 年正式装备海军部队。在基本型舰舰导弹的基础上，从 2001 年开始，同时改型发展了舰载、机载、潜射和岸基等相关型号的研制。目前，所有型号均完成了研制工作，岸基对陆攻击型已于 2007 年装备至印度陆军，潜射型于 2013 年完成了试射，机载型于 2016 年开始试射。据印方报道，2015 年 2 月已完成发射平台苏-30MKI 型战斗机的适应性改装。

2 技术特点

“布拉莫斯”超声速巡航导弹具有超声速和多弹道的性能特点，其

突防能力和抗干扰能力均达到当前世界领先水平。基本型舰舰导弹（图1）性能如下：

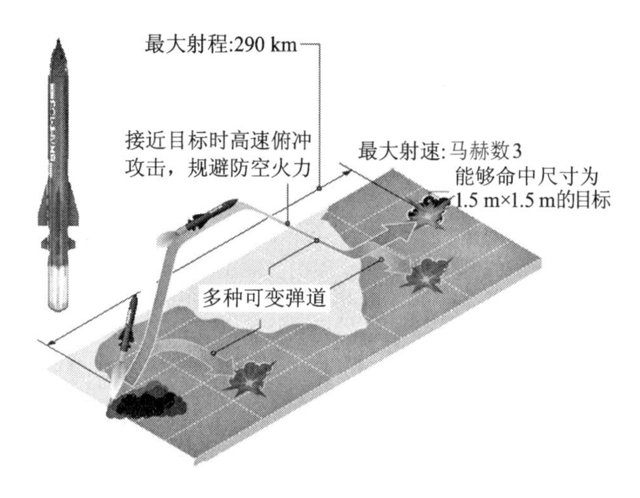

图1　导弹基本情况

（1）射程：高空弹道为290 km，低空弹道为120 km；

（2）质量：1 500 kg；

（3）巡航马赫数：2.5～3；

（4）动力装置：固体火箭助推器+液体冲压发动机；

（5）弹长8.4 m（储运发射箱9 m）；

（6）弹径：0.67 m；

（7）制导系统：惯导+主动雷达导引头+卫星定位；

（8）战斗部系统：150 kg半穿甲高爆型+延时触发引信。

由于发射平台和攻击目标类型的不同，其他型号类别的导弹在基本型的基础上作了相应的改进。

从各种资料报道的性能看，该系列导弹主要有以下几个特点：①隐身性能好，弹体采用梭镖式气动布局，弹身表层涂有印度自行研制生产的雷达吸波涂料，能够最大限度地降低被敌方对空雷达搜索发现的概率；②制导精度高，导弹采用惯导+主动雷达+卫星导航的制导方式，直接采用了俄罗斯KH-555和KH-101远程战略巡航导弹所采用的成熟卫星导航系统，2013年，该导弹还将全球定位系统-格洛纳斯组合定位技术添加到现有的多普勒惯性平台，进一步提高了导弹的远程制导精度；③飞行速度快，动力系统采用固体火箭助推器+液体冲压喷气发动机的组合模式，主发动机为印度HAL公司自行研制的新式小型整体式冲压喷气发动机，以马赫数3的速度飞行，最大射程可达290 km；④机动能力强，反舰导弹具备高低两种弹道、末段掠海飞行和末段蛇型机动的能力，导弹在飞行末段下降到10 m左右，贴近海平面并作蛇形机动弹道飞行，以躲避敌方反导武器拦截，对陆攻击巡航导弹具备大角度俯冲攻击能力，适应于山区环境下的作战。总而言之，该系列导弹性能优越，达到了当前世界的领先水平。

3 型号系列

"布拉莫斯"超声速巡航导弹武器系统可以装载在各型水面舰艇、潜艇、飞机、地面车辆和地下发射井等平台，该导弹武器系统型号全、装载平台广泛，在战时可对海上、陆地目标实施立体打击，有效地实现了印度关于该型号建设的战略意图。

3.1 舰载型

舰载型"布拉莫斯"导弹具备从倾斜或垂直发射装置上发射的能力，潜在发射平台涵盖驱逐舰、护卫舰、濒海战斗舰和导弹艇等。为缩短导弹的齐射间隔，提高舰艇平台的装弹量，印度专门开发了舰载通用型垂直发射装置，采用该通用型垂直发射装置时，载弹量为8枚，发射间隔可缩短到2~2.5 s。当前典型的"布拉莫斯"导弹装载平台为"拉吉普特"级驱逐舰，该型舰是印度海军于20世纪80年代从苏联引进的一级先进大型作战舰艇，共5艘。在20世纪八九十年代的大部分时间里，它一直是印度海军唯一型号的驱逐舰，迄今仍然是印度海军的主力驱逐舰之一。其中"拉吉普特"号驱逐舰于1980年9月30日加入印度海军，标准排水量3 950 t，2003年，该舰在左右舷各加装有一座两联装倾斜式"布拉莫斯"导弹发射装置（图2）。"兰维尔"号驱逐舰是"拉吉普特"级驱逐舰的第四艘，1986年10月18日加入印度海军，经过改装换装了模块化通用垂直发射装置，并于2008年12月18日首次试射了“布拉莫斯”超声速反舰巡航导弹。后续在“塔尔瓦”级护卫舰等舰艇上也装备了该型导弹武器系统。

图2 “拉吉普特”号驱逐舰发射“布拉莫斯”超声速导弹

舰载型“布拉莫斯”导弹包括舰舰导弹和舰地导弹，基本型舰舰导弹能够攻击末制导雷达视距内的海上目标，在满足目标指示精度要求的条件下，有效射程达290 km，一组8发导弹的齐射能有效突破驱护舰编队的防御系统。相对于“战斧”系列巡航导弹而言，“布拉莫斯”导弹的质量为其2倍，速度为其4倍，因此，“布拉莫斯”导弹末段突防动能相当于“战斧”导弹的32倍，从该性能比较看，“布拉莫斯”导弹具有更强的突防能力和毁伤能力。

3.2 潜射型

潜射型“布拉莫斯”导弹采用“战斧”巡航导弹座舱式垂直发射系统，具备从水下40~50 m深度发射的能力，通过在潜艇耐压壳前加装12具“战斧”发射座舱实现导弹在潜艇的装载。每个座舱都是一个钢质的耐压圆筒，具有支持、保护和抛射导弹的功能，可发射常规对地攻击型、反舰型和核对地攻击型三种导弹。整个发射装置由发射管、前盖、后盖、垂直支撑装置、侧向支撑垫、发射密封装置和气体发生器等部分组成。导弹储运发射箱平时安装在座舱式的垂直发射装置上，发射时，用固体推进剂气体发生器产生高压气体将导弹抛出，导弹在水下运动时，通过弹体燃烧室前部盖帽阻止海水进入导弹进气道，当导弹出水后，传感器给出导弹出水指令，控制打开燃烧室前盖帽，助推器点火，导弹进入预定飞行弹道并控制飞向目标（图3）。

图3　潜射“布拉莫斯”导弹出水瞬间

2013年3月20日，潜射型“布拉莫斯”导弹在孟加拉湾首次从水下平台成功试射。导弹从潜艇发射平台上发射后，按照预先装订的打击目标及战术规划，在290 km的最大射程上有效命中了预定目标。从舰载和岸基的遥测数据看，导弹飞行轨迹稳定，具备在潜艇装载并发射的能力。潜射型“布拉莫斯”导弹研制成功，集成了隐蔽发射、超声速飞行的战术和技术优势，极大地提高了导弹的突防能力，使该型导弹的战斗能力得到进一步提升。

3.3　机载型

目前印度海军和陆军装备的舰载、岸基型“布拉莫斯”导弹在发射方式设计上是基本相同的，都是从储运发射箱中发射，但空射型“布拉莫斯”导弹在设计上需要根据发射平台做一些改动，比如减轻导弹质量并增加尾翼以提高发射时的稳定性。首先，为满足机载导弹的适装性，将导弹质量从3 000 kg降低到了2 500 kg。同时，为了能在苏-30MKI战斗机上挂载4枚重达2.5 t的“布拉莫斯”导弹，其需要提高导弹挂架及总体结构的强度，同时减少战斗机本身其他载荷的质量。机载型“布拉莫斯”导弹即将在印度空军苏-30MKI战斗机上进行试射（图4）。据报道，机载改进型的相关工作已经完成，苏霍伊设计局、印度航空局和印度空军共同开始了相关改进工作，改进后的“布拉莫斯”导弹目前已经达到更高的水平。

图4 苏-30MKI战机挂载“布拉莫斯”导弹

为保证导弹试射的两架战斗机的改装工程已经由印度空军完成，首架苏-30MKI战斗机已于2015年2月19日移交给布拉莫斯航空公司。改进后的苏-30MKI战斗机在最大飞行马赫数2时续航达5 200 km，最大飞行高度17 km，最大起飞质量10 t，能够有效地进行4枚“布拉莫斯”导弹的远距离投送。印度计划进一步改装较轻质量和较小尺寸的“布拉莫斯”导弹，部署米格-29K战斗机，还可能部署“阵风”战斗机。机载型“布拉莫斯”交付印度空军后，预计至少部署三个中队。

3.4 岸基型

岸基型“布拉莫斯”导弹武器系统通常由4～6个移动发射单元、1辆移动指挥车和1辆移动保障车组成（图5）。移动发射单元具有其自身的通信设备、目标接收系统、供电系统和火控系统。每个移动发射单元上装载3枚“布拉莫斯”导弹，可以攻击3个不同的目标或者对同一个目标实施齐射。在运输阶段，移动式发射单元的储运发射箱保持水平状态，发射前，由液压装置控制发射梁竖立使导弹保持倾斜或垂直发射状态，在接到目标发射指令后4 min内可以发射导弹，可以单射或齐射，齐射间隔2～3 s。移动发射单元具备40 kV柴油发电装

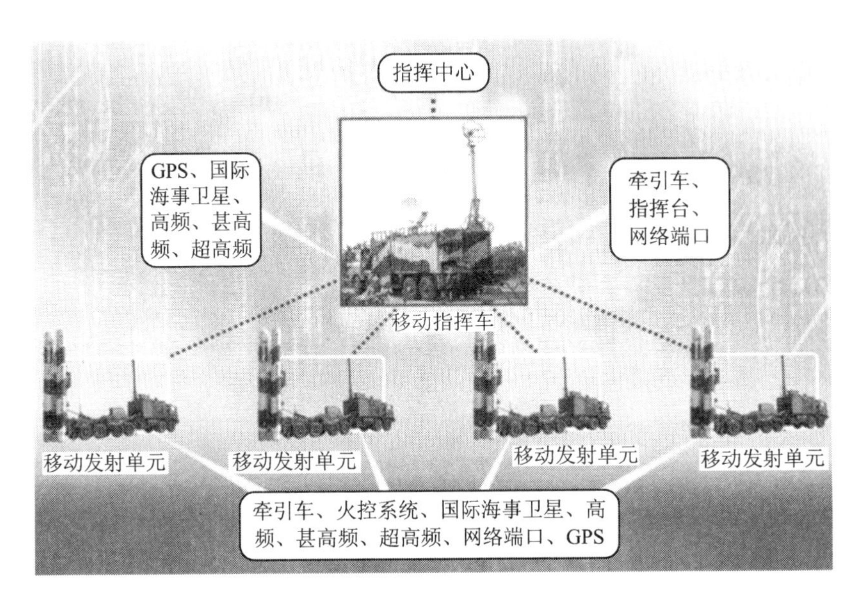

图 5　岸基型“布拉莫斯”超声速巡航导弹武器系统

置保障发射所需电源，还具备能工作 15 min 的 UPS 备用电池，有效提高了导弹武器系统的生存能力。

岸基型目前有“布拉莫斯”Block Ⅰ、Block Ⅱ和 Block Ⅲ三种型号。Block Ⅰ为该系列的基本型，是一种精确制导反舰导弹，与舰载型基本一致；Block Ⅱ是对陆攻击型号，通过导引头的改进具有更强的目标识别能力，主要用于城区及沙漠环境作战；Block Ⅲ的主要改进是提高机动能力，实现了在弹道末段对目标进行俯冲攻击，同时改进了导引头软件和制导算法，使之具备山地环境的目标识别能力，完成山地环境下的精确打击。印度陆军从 2007 年开始装备岸基型“布拉莫斯”Block Ⅰ型反舰导弹，对陆攻击型 Block Ⅱ也已经完成试射并装备印度陆军。目前“布拉莫斯”岸基型导弹武器系统部署了三个团，并于近期对 Block Ⅲ型进行了试验。该型导弹展示了强劲的大角度俯冲能力，使导弹能在山区及高海拔地区使用。岸基型“布拉莫斯”导弹相对于“冥河”系列导弹而言，简化了地面指挥发射系统，移动发射车能够在短时间内攻击单个或密集群目标，采用先进的指挥控制技术满足 C^4I 信息环境，同时导弹均有良好的可维性及稳定工作时间，移动发射车采用装甲保护能够有效防范核、化、生武器的侵害。整个武器系统智能化程度高、生命力强，满足岸基导弹的作战对象及作战环境需要。从报道的试射结果看，对陆攻击型导弹在最大发射射程上，可以命中 1.5 m×1.5 m 大小的陆地目标。

4 结束语

“布拉莫斯”是印度近年来重点发展的超声速巡航导弹武器系统，从其基本性能看，该导弹武器系统型号全，装载平台广，战技性能突出。按照以反舰基本型为依托，以模块化为手段，沿着系列化方向的发展思路，发展了机载型、潜射型和岸基型，使其成为各军兵种通用的导弹，有效实现了全方位、立体作战的思想。

布拉莫斯合资公司还在印度航空展上第一次展示了“布拉莫斯”-2 高超声速概念武器。该导弹于 2007 年开始研制，将在 2016—2017 年首次试验，使用超燃冲压发动机为动力，预计飞行马赫数为 5～7，将进一步提高导弹突防能力。

总体而言，“布拉莫斯”超声速巡航导弹武器系统现役型号性能突出，在研型号具有超前设计，对我国西部边境和南海周边安全形势构成潜在威胁，需进一步跟踪研究，达到为我相关型号导弹武器的研制提供借鉴，并形成有效对抗战法的目的。

参考文献

[1] 周伟，李梅．2015 年世界巡航导弹发展综述［J］．飞航导弹，2016（7）．

[2] 张佐成，钟建业．印度的导弹武器装备［J］．飞航导弹，2006（7）．

[3] 魏毅寅．世界导弹大全［M］．北京：军事科学出版社，2011．

[4] 刘晓明，文苏丽．“布拉莫斯”-M 导弹技术特点及影响分析［J］．战术导弹技术，2015（1）．

[5] 康开华．印度海基“布拉莫斯”导弹在实验中成功命中地面目标［J］．导弹与航天运载技术，2007（1）．

[6] 周伟，李梅．2015 年世界巡航导弹发展综述［J］．飞航导弹，2016（7）．

[7] BrahMos supersonic cruise missile，Indian［EB/OL］．http://www.army-technolo-

gy. com,2015.
[8] 宋怡然，何煦虹，文苏丽，等. 2015 年国外飞航导弹武器与技术发展综述 [J]. 飞航导弹，2016 (2).
[9] 史俊贤，莫骏超，江煜，等. 国外舰舰导弹的研究现状及其发展前景 [J]. 飞航导弹，2015 (8).

2019 年国外高超声速飞行器技术发展综述

张　灿　林旭斌　刘都群　胡冬冬　叶　蕾

本文对2019年国外高超声速飞行器技术领域的重要发展动向进行了全面梳理。从一次性使用高超声速导弹、可重复使用高超声速飞行器维度，分析和总结了美国、俄罗斯、法国、英国等世界主要国家在高超声速领域的发展情况和态势，并梳理了在试验能力建设及基础科研领域的主要进展。

引 言

2019年，国外高超声速飞行器发展呈现出武器化竞争扩散态势。美国和俄罗斯持续大力推进高超声速导弹演示验证和型号研制，法国和英国相继启动高超声速导弹武器研制项目，日本和印度稳步推进既有研究项目，积极开展技术储备。从发展应用方向来看，一次性使用高超声速导弹成为大国军事竞争的热点，并引发国际军控组织关注[1]；可重复使用高超声速飞行器仍处于方案论证和关键技术攻关阶段，以动力为代表的核心关键技术取得重大突破。同时，围绕加快技术成熟和武器装备需求，加大高超声速试验能力投入，持续推进基础科研技术发展。

1　加快推进高超声速导弹研制部署

1.1　美国显著加速高超声速导弹研制，体系化推进作战能力形成

延续2018年型号研制和预先研究并行的发展思路[2]，美国在2019年显著加快高超声速导弹武器化进程，从工业基础、作战编队等方面全面推进高超声速打击能力形成，预计最早于2022年实现早期作战能力。美国国防部在2019年表示，未来4年计划安排40次飞行试验，其中约10次是采用超燃冲压发动机的吸气式高超声速飞行器[3]，相关飞行试验数据将作为制定高超声速导弹发展路线图的基础输入，并计划未来5年（2020—2024财年）持续投入112亿美元。

型号研制方面，继2018年达成开发通用高超声速滑翔体（C-HGB）（图1）的合作协议后，美国海军、陆军、空军在2019年大力推进各自基于C-HGB弹头的高超声速导弹型号研制项目。其中，美国海军在2019年2月授予洛·马公司8.46亿美元的导弹助推器研制合同，为中远程常规快速打击（IR-CPS）项目制造和集成大直径火箭发动机，计划在2024年1月完成IR-CPS项目全部科研工作；美国陆

军在2019年正式启动陆基高超声速导弹（LRHW）项目，8月授出首批20枚C-HGB滑翔弹头生产合同和LRHW导弹系统集成研制合同，明确将与海军IR-CPS项目采用相同的助推器系统；美国空军依托高超声速常规打击武器（HCSW）项目，正在由洛·马公司开展C-HGB改型的研制工作，以适应空投条件和B-52载机平台。此外，美国空军的另一导弹快速样机项目——空射快速响应武器（ARRW）在2019年6月成功开展首次B-52挂载飞行试验，并在12月授予洛·马导弹与火控公司9.89亿美元的正式研制合同，预计2022年12月完成导弹样机的研制工作。

图1　通用高超声速滑翔体概念图

预研方面，美军按既定框架推进高超声速吸气式武器方案（HAWC）和战术助推滑翔（TBG）两个演示验证项目，计划2020年开展首次飞行试验。继2016年成为HAWC项目主承包商之一后，美国雷声公司在2019年2月新获得6 330万美元的TBG项目海基技术方案验证合同，与洛·马公司在HAWC和TBG项目上形成有力竞争。雷声公司在6月巴黎航展期间公开表示与诺·格公司达成合作协议，将共同推进HAWC项目（图2），在未来的高超声速巡航导弹型号研制生产上长期合作，并透露HAWC项目已成功完成关键地面试验；7月宣布与美国国防高级研究计划局（DARPA）共同完成TBG项目的基线设计评审。此外，DARPA主导的“作战火力”（OpFires）项目在2019年10月完成第一阶段的助推器初始设计工作，将并行开展助推器方案深化研究和武器系统集成研制，计划在2022—2023年期间开展3次全系统飞行试验。

图2 美国雷声公司2019年公布的高超声速武器概念图

在技术和装备双向并进的同时，美国在2019年着手制定提升高超声速工业基础能力的战略计划[4]，指派国防部合同管理机构的工业分析小组从2019年2月开始调研当前美国工业基础生产高超声速武器的能力，以鉴定潜在的薄弱环节，重点关注领域包括产能、工业基础瓶颈、技术劳动力、材料、制造、研发支持、投资需求和样机设计以及将技术过渡至生产状态的能力。

此外，为加速催化高超声速武器作战能力生成，美国陆军已着手建立首个高超声速武器部队，在陆军新成立的多域特遣部队战略火力营下设高超声速导弹连（图3），采用陆军现有的高级野战炮兵战术数据系统，装配1辆指挥控制车及4辆升级版运输起竖发射车，每车装载2枚LRHW导弹，预计2021年完成组建，以期提前开展培训和演练，为更快形成作战能力奠定基础。

1.2 俄罗斯同步推进多型高超声速导弹研制和部署列装

继2018年高调公布多型高超声速导弹[5]后，俄罗斯在2019年大力推进“锆石”的研制、“匕首”和“先锋”的部署，并披露新的改型研制计划。

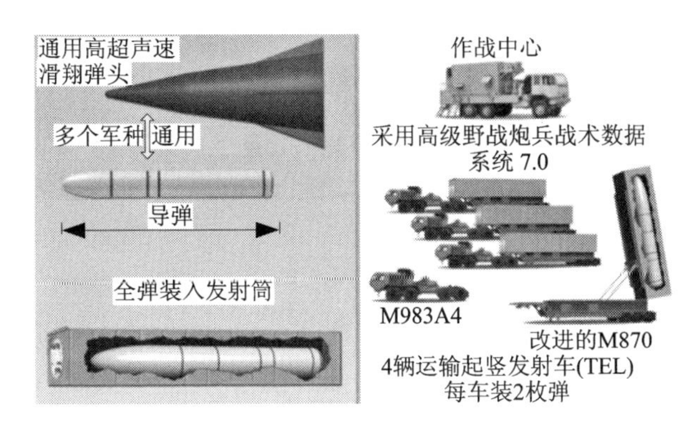

图 3　美国陆军高超声速导弹连

“锆石”高超声速导弹研制进展顺利，预计将于 2023 年装备俄海军。俄总统普京在 2 月发表国情咨文时表示[6]，“锆石”高超声速导弹将按时完成研制工作，飞行速度可达马赫数 9，射程将超过 1 000 km，未来可装备俄海军新型现代化的水面舰艇和潜艇。俄媒还在 2019 年披露，俄罗斯国防部将研发小型化的“锆石”高超声速反舰导弹，目前已明确对该新型导弹的技术要求，可能采用同样尺寸的发动机，但战斗部会更小，燃料储量、结构组件将简化，助推器也将做改进。

“匕首”高超声速空射弹道导弹继 2018 年高调亮相后，2019 年 11 月中旬在北极地区搭载米格-31K 成功完成一次实弹试射，测试了其在高纬度高寒地区的实战能力。12 月 27 日，俄罗斯国防部长宣布，首批“先锋”高超声速导弹已于当月进入部队，开始执行战斗值班任务。

除公开的 3 型高超声速导弹以外，俄罗斯战术导弹集团在 2019 年透露，正在将现役超声速巡航导弹升级改进为高超声速版本，要求导弹在发射平台和打击目标方面具有通用性。

1.3　法国全面布局高超声速导弹武器研制

法国在 2019 年加紧高超声速导弹武器研制布局，准备借高超声速技术发展推进其核武库升级[7]。一方面，法国国防部部长在 1 月发表声明，已启动一型高超声速滑翔飞行器技术验证项目，预计 2021 年底进行首次试飞，将带动法国诸多技术和能力发展；另一方面，法国武器装备总署（DGA）在3月披露，第四代空地核巡航导弹（ASN4G）项目将发展一型采用超燃冲压发动机的高超声速导弹，目前正在由欧洲导弹集团（MBDA）公司开展初始设计研究。ASN4G项目于2014年启动，旨在替代现役超声速核巡航导弹ASMP-A，维持法国长期可靠的空基核威慑力量。

1.4 英国披露高超声速导弹研制信息

2019年7月，英国国防部高层在伦敦举行的空天力量会议上表示，英国皇家空军快速能力办公室正致力发展一型速度可达马赫数5的空射导弹，计划2023年前实现列装。该高层在会上展示了一型外观与美国洛·马公司HAWC项目相似的导弹图片，但未透露该弹到底是弹道导弹、巡航导弹还是助推滑翔导弹。

1.5 日本公布高超声速导弹装备计划

继2018年同时启动高速滑翔导弹和高超声速巡航导弹关键技术研究，日本防卫省在2019年11月发布文件，计划在2030年左右实现高超声速巡航导弹部署，在2030年中期实现改进型高超声速巡航导弹和助推滑翔系统装备。日本防卫省希望快速开展4个重点技术领域研究，包括火控技术、制导技术、超燃冲压推进技术以及高超声速飞行器机体和弹头技术，以尽快应用到武器系统，开展渐进式改进和演示验证。

1.6 印度完成高超声速技术验证机首次试射

2019年6月，印度国防和发展组织（DRDO）自主研发的高超声速技术验证机（HSTDV）项目完成首次试射。此次试验旨在验证超燃冲压发动机技术验证机的短时自主飞行和导航、热防护等关键技术，设计指标是实现马赫数带动力飞行速度，并在20 s内升至32.5 km高度。尽管印度官方未公布结果，但据印度多家媒体报道，此次试验未达到预期的技术验证目标。

2　积极开展可重复使用高超声速飞行器技术储备

2.1　美国加紧高超声速可重复使用飞行器关键技术攻关

继2018年洛·马、波音等多家公司披露高超声速飞机研制计划后，美国在2019年加紧推进以动力为代表的高超声速可重复使用飞行器关键技术研究，并取得一定进展。同时，新的高超声速飞行器研发项目涌现，高超声速飞行试验平台X-60A项目研发团队成立初创公司，在2019年5月获得种子轮融资，致力于发展高超声速飞机。

美国空军研究实验室同步开展多个动力技术攻关项目，一方面依托高速作战系统使能支撑技术（ETHOS）项目，于2019年4月授予美国轨道ATK公司和Innoveering公司一份不超过1 000万美元的双模态超燃冲压发动机设计制造合同，要求在2023年1月前分别完成一型双模态超燃冲压发动机的方案设计、样机制造以及整机自由射流试验工作；另一方面在中等尺寸超燃冲压发动机关键部件（MSCC）项目下，利用阿诺德工程发展综合体（AEDC）气动与推进试验单元（APTU）设施，完成了一型碳氢燃料超燃冲压发动机的地面直连试验[8]（图4）。该发动机由诺·格公司研制，长约5.5 m，单位空气流量是X-51A所用碳氢燃料超燃冲压发动机的10倍，在超过马赫数4的测试条件下获得了约5.9 t的推力，并在9个月的测试期内累计运行了30 min，创下了美国空军碳氢燃料超燃冲压动力地面试验的最大推力纪录。

图4　美国中等尺寸超燃冲压发动机地面试验设备

2.2 英国高超声速动力技术取得重大突破

英国反应发动机公司（REL）稳步推进“佩刀”发动机科研工作，2019 年不断取得新进展。3 月，“佩刀”发动机 1/4 缩比验证机项目成功通过核心部件的初始设计评审，计划在 2020 年完成核心部件的制造和测试。与此同时，英国反应发动机公司与美国 DARPA 合作的“佩刀”发动机全尺寸预冷却器样机（HTX）项目，在 3—10 月间成功通过马赫数 3.3 和 5 条件下的地面高温考核试验[9]。其中，预冷却器样机在马赫数 5 条件下，成功地在0.05 s内将高达 1 000 ℃的高温气流冷却到 100 ℃。

基于“佩刀”发动机取得的进展，英国在 2019 年 7 月授予罗·罗公司、BAE 系统公司和反应发动机公司一份为期两年、总额 1 000 万英镑的先进高马赫数推进系统研发合同。该合同旨在探索将“佩刀”发动机预冷技术应用到当前的超声速涡轮发动机，如 EJ-200 涡扇发动机，使其包线更宽、效率更高，并评估英国下一代飞机平台与高超声速的关系，在解决动力问题的基础上研究新技术能够带来的应用潜力。

2.3 欧洲深化开展马赫数 8 级高超声速民用飞机技术研究

欧洲持续推进面向民用高速运输的飞行器技术研究。基于欧空局长期先进推进概念和技术Ⅱ（LAPCAT Ⅱ）项目 MR2.4 方案，欧洲多个研究机构联合启动了高速推进概念的平流层飞行应用（StratoFly）项目，计划在 2035 年前将 300 座级高超声速民用飞机的技术成熟度提高到 6 级，并在 2019 年 6 月巴黎航展上展出其飞行器缩比模型。StratoFly 飞行器拟采用 6 台涡轮冲压发动机，将飞机加速到马赫数 4.5 后，转换启动双模态超燃冲压发动机，先在亚燃模态下继续加速到马赫数 5 以上，然后在超燃模态下最终加速到马赫数 8。项目研究团队目前正在开发 MR3 型乘波体布局方案[10]，计划在 2019 年下半年至 2020 年 9 月期间利用德国宇航局（DLR）的高焓风洞进行全机模拟试验，以评估 MR3 方案的气动特性。

3 加强高超声速试验能力提升，持续推进基础技术发展

3.1 美国多举并行提升高超声速试验能力

为加速高超声速武器研发和技术成熟，美国在 2019 年多举措并行，加快推进试验能力提升。在地面试验设施方面，美国新建和升级改造多座高超声速风洞。其中，冯·卡门气动试验中心（VKF）的 D 风洞在 2019 年 6 月重新投入使用，现可产生马赫数 1.5～5 范围内的高速流场，持续运行时间最长可达 5 min；AEDC 9 号风洞在 7 月完成从马赫数 14 扩展到马赫数 18 升级后的初步调试；美国陆军未来司令部联合得克萨斯州农机大学，计划在得克萨斯州新建一座长达 1 km、直径约 1.8 m 的马赫数 10 级高超声速风洞。在飞行试验平台方面，美国空军 X-60A 高超声速飞行试验平台完成关键设计评审，计划未来一年内进行首次飞行试验。在试验技术方面，桑迪亚国家实验室（SNL）在 4 月披露正研发人工智能技术在高超声速飞行试验中的应用。此外，为支撑即将密集开展的高超声速导弹飞行试验，美军重启位于加利福尼亚州的中国湖发射试验综合设施，采购 3 架 RQ-4“全球鹰”无人机，以构建空中遥测数据收集与传输试验系统，并获得澳大利亚伍默拉试验场、挪威安岛火箭靶场两处基础设施的使用授权。

3.2 俄罗斯展示新型高超声速飞行试验平台，加大热防护和材料技术投入

为保障高超声速武器研发和后续批量部署需求，俄罗斯推动高超声速飞行试验平台和热防护平台建设，大力投入高超声速飞行器材料及技术研发。

在试验平台建设方面，俄罗斯在 2019 年 9 月莫斯科航展上展示了一型高超声速飞行试验平台。该试验平台是一架长 6 m、重达 3 t 的无人飞行器，与通用助推器连接后，搭载伊尔-76 运输机发射，试验数据可传输至载机或地面控制站进行处理分析。此外，俄罗斯联邦航天局

在10月发布招标公告，计划斥资7.3亿卢布建造高超声速武器热防护试验台，将开发具有24个可自动控制的独立加热区功率达100 MW的试验台，探索在2 500 K高温地面试验环境下，对高超声速飞行器的耐热性、绝热性以及热防护进行测试的技术。

在基础科研技术方面，俄罗斯国家航天集团在9月发布招标公告，计划基于耐热连续纤维编织体，研发电磁波可穿透的高超声速飞行器整流罩隔热材料，预计投入3 896万元，在2020年9月底完成相关研究。

4 结束语

随着大国间竞争的对抗性上升，高超声速武器这类兼具高度战术实用与战略威慑的先进武器正引发世界范围内的关注，并扩散为攻防两端能力建设以及潜在军控层面的全方位博弈。从技术和装备角度来看，一次性使用高超声速导弹技术已经突破，预计在2023—2025年迎来井喷式部署列装；可重复使用高超声速飞行器正在加紧技术攻关布局，但尚处于地面验证阶段。后续进展与动向值得密切关注和高度重视。

参考文献

[1] 张灿. 联合国《高超声速武器——战略武器军控的挑战与机遇》报告解析[J]. 战术导弹技术，2019（3）.

[2] 张灿，林旭斌，叶蕾. 美国高超声速导弹发展现状及路线分析[J]. 飞航导弹，2019（3）.

[3] Guy N. Integrated hypersonic plan forms amid overlap concerns[EB/OL]. https：//aviationweek. com/，2019-07-31.

[4] Jason S. Pair of DoD assessments to produce hypersonic industrial base strategy this fall[EB/OL]. https：//insidedefense. com，2019-07-31.

[5] 林旭斌，张灿. 俄罗斯新型高超声速打击武器研究[J]. 战术导弹技术，2019（1）.

[6] Послание Президента Федеральному Собранию [EB/OL]. http://kremlin.ru/, 2019-02-20.

[7] 张灿，叶蕾. 法国高超声速技术最新发展动向 [J]. 飞航导弹，2019 (6).

[8] AFRL achieves record-setting hypersonic ground test milestone [EB/OL]. https://www.wpafb.af.mil/, 2019-08-05.

[9] Reaction engines test programme fully validates precooler at hypersonic heat conditions [EB/OL]. https://www.reactionengines.co.uk/, 2019-10-22.

[10] Guy N. European hypersonic cruise passenger study set for new tests [EB/OL]. https://aviationweek.com/, 2019-07-30.

2018 年度国外高超声速飞行器发展动向

廖孟豪

本文总结并回顾了国外主要国家在高超声速飞行器装备和技术领域的重大发展动向，认为国外高超声速飞行器发展呈现出“加速转化”和“加速分化”的总体态势。分别综述了美国、俄罗斯、欧洲、日本等国家和地区 2018 年度在高超声速导弹、高超声速飞机和航天运载飞行器三个方向上的主要进展。

引 言

2018 年，国外高超声速飞行器发展呈现出“加速转化”和“加速分化”的总体态势。一方面，高超声速导弹加速从预研向型号转化；另一方面，各个国家的发展程度和高超三大分支方向的发展力度出现分化。

在高超声速导弹方向，全球首型高超声速导弹“匕首”进入战斗值班，美俄同步启动了多型高超声速助推滑翔导弹的型号研制，加速形成导弹装备；同时，各国进展程度和技术水平加速分化，美俄已经进入型号研制阶段，导弹射程可达上万千米，而日、法等国才刚开始启动技术研究，已落后 10 年以上，且射程仅数百千米；前几年声势不小的印度在 2018 年甚至没有任何公开进展。

在高超声速飞机方向，总体呈现出加速发展的趋势，继洛·马公司之后，波音公司连续公布军用和民用高超声速飞机概念方案及研制计划（图 1），DARPA 高超声速飞机用 TBCC 发动机地面验证取得重要进展，坚定不移推动基于 TBCC 动力的高超声速飞机技术发展；欧洲等国持续推进民用高超声速飞机技术发展。

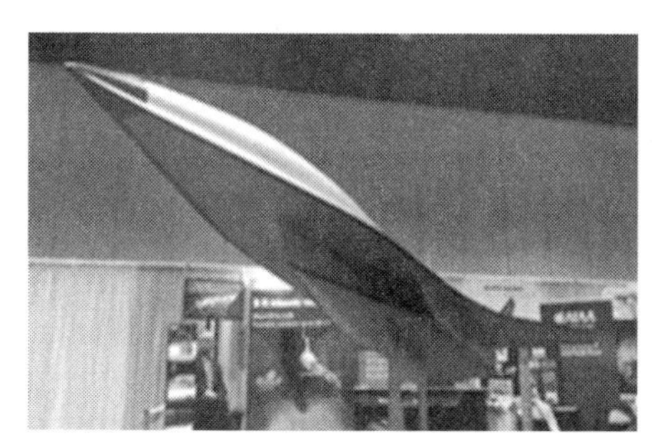

图 1　波音公司公布的马赫数 5 级高超声速军用（左）和民用飞机概念方案（右）

在可重复使用航天运载飞行器方向，或许是受到了民营商用航天，特别是可重复使用运载火箭迅猛发展的影响，该方向发展力度有所减弱，美俄仍在继续推动基于纯火箭动力、垂直起飞/水平降落的可重复使用航天运载飞行器技术研发和验证，而在基于吸气式动力、水平起降的技术路线则进展寥寥，鲜见报道。

1 美国

1.1 基于两套助推滑翔方案，快速系统地推进高超声速导弹演示验证和型号研制

2018 年，根据多份政府报告、项目合同、权威媒体报道等信息，美军高超声速导弹发展思路已基本明确：

（1）基于圆锥体构型滑翔飞行器方案，开展三型导弹的型号研制。2018 年，在美国防部的统筹部署下，美陆海空三军达成合作协议，以先进高超声速武器（AHW）（图 2）项目验证的圆锥体构型高超声速滑翔飞行器方案为基础，依托远程高超声速武器（LRHW）项目、常规快速打击（CPS）项目和高超声速常规打击武器（HCSW）项目，分别开展陆射型、潜射型和空射型高超声速助推滑翔导弹的型号研制，并计划在 2022 年前形成早期作战能力。

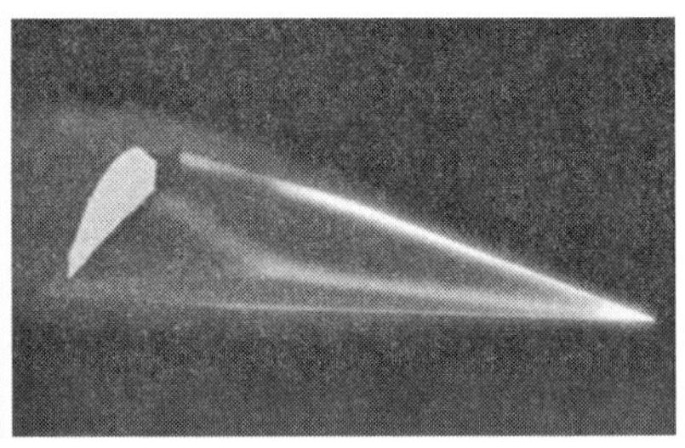

图 2　AHW 项目圆锥体滑翔弹头和 HTV-2 项目楔形滑翔弹头的想象图

（2）基于楔形构型滑翔飞行器方案，开展三型导弹的演示验证或型号研制。以原高超声速技术验证飞行器-2（HTV-2）项目研发的楔形构型高超声速滑翔飞行器方案为基础，美军依托战术助推滑翔（TBG）、空射快速响应武器（ARRW）和作战火力（OpFires）等项目，正在分别开展空射/舰射型助推滑翔导弹演示验证、空射型助推滑翔导弹型号研制以及陆射型助推滑翔导弹演示验证，并计划在 2019—

2020 年前后完成飞行试验和形成早期作战能力。

此外，美国国防高级研究计划局（DARPA）仍依托高超声速吸气式武器概念（HAWC）项目继续推动空射型和舰射型高超声速巡航导弹技术验证，但投资强度大幅下降。

1.2 聚焦马赫数 5 级高超声速飞机，公布军/民用飞机概念方案并稳步推动技术攻关

2018 年 1 月和 6 月，在 DARPA 和美国空军研究实验室的部分资助下，美国波音公司连续公布了马赫数 5 级的军用和民用高超声速飞机概念方案。两个方案均采用涡轮基冲压组合发动机（TBCC）作为动力。以此为牵引，波音公司正在开展一型高超声速飞机验证机的研究工作，该验证机可用来验证军用和民用高超声速飞机相关的机体、系统和推进等关键技术，如经费支持充分，预计最早可在 2023 年或 2024 年实现首飞，军机可在 2030 年前形成装备，民机可在 21 世纪 30 年代末投入运营。与此同时，瞄准完成高超声速飞机用 TBCC 发动机地面集成验证的 DARPA 先进全状态发动机（AFRE）在 2018 年大幅增加了项目经费，总预算由最初 0.65 亿美元增加到 1.02 亿美元以上。在 AFRE 项目的主要资助下，美国洛克达因公司成功完成了一型新型亚燃/超燃双模态冲压发动机的自由射流试验，为后续开展 TBCC 地面集成验证奠定了基础。

1.3 瞄准纯火箭动力的可重复使用航天运载飞行器，完成了火箭发动机热试车

在美国政府投资最大的可重复使用航天运载飞行器在研项目——DARPA 实验性太空飞机（XSP）项目的支持下，波音公司“鬼怪快车”团队在 2018 年完成了大型氢氧发动机 AR-22 的热试车考核试验（10 天内 10 次点火试车），并开始启动大型低温油箱等大部件的制造工作，预计该飞行器将在 2021 年开始进行飞行试验，比最初计划的 2020 年有所推迟。

1.4 围绕高超声速飞行试验能力建设，军地联合推动高超声速飞行试验平台研发工作

2018 年 10 月，美国空军宣布将编号 X-60A 授予美国时代轨道发射服务公司 GO“发射者”1 号（GO 1）高超声速飞行试验平台，并明确 X-60A（图 3）将用于低成本、大规模地开展超燃冲压发动机、高温材料和自主控制等一系列高超声速技术的飞行试验，推动美军现有高超声速武器快速原型化和未来高超声速飞机、可重复使用航天运载飞行器的发展。X-60A 可提供高度 15.4 ~ 37 km、马赫数 3 ~ 8、最大动压 140 kPa 范围内的真实飞行环境，已于 2018 年完成发动机全尺寸样机的首次热试车，计划在 2019 年完成首次飞行试验。此外，美国平流层发射系统公司在 9 月也公布了两型高超声速飞行试验平台的概念方案与研制计划，并明确将用于支撑军方和政府各类高超声速技术科研项目。

图 3 美国空军 2018 年 10 月在官方网站公布的 X-60A 构想图

2 俄罗斯

2.1 突袭式公布两型涉核的高超声速导弹装备，稳步推进舰载高超声速反舰导弹

2018 年 3 月 1 日，俄罗斯总统普京在年度国情咨文中首次公开披

露了“匕首”空射型高超声速导弹系统和“先锋”井射型高超声速导弹系统，前者采用米格-31K 作为专用载机，最大速度马赫数 10，最大射程达2 000 km，已于 2017 年底开始战斗值班；后者最大速度超过马赫数 20，射程推测可达 10 000 km 以上，计划 2019 年进入战斗值班。两者均可携带核或常规战斗部。与此同时，俄军继续同步推进“锆石”舰射型高超声速反舰导弹的研制工作，于 2018 年底完成了最新一次飞行试验，试验中最大飞行速度再次达到了马赫数 8。该弹计划 2022 年完成列装。2019 年初，普京披露该弹最大飞行速度达马赫数 9，射程达 1 000 km，并确认正按计划如期推进。

2.2 继续开展马赫数 4 级米格-41 飞机技术研究，持续推动项目立项

俄罗斯米高扬飞机设计局早在 2016 年就披露，正在开展米格-41（最大飞行速度可达马赫数 4.1 ~ 4.3）的设计工作，并期望在 2025 年前进入大批量生产。2018 年，米高扬领导层透露，米格-41 项目正在努力争取列入俄罗斯《2018—2027 年国家武器装备计划》，从而实现国家立项。截至目前，未见公开报道披露米格-41 是否实现立项。

3 欧日等其他国家和地区

3.1 瞄准高超声速导弹应用，法日等分别启动和加速相关技术研究与飞行验证

2019 年 1 月，法国宣布，将在 2021 年进行一型高超声速滑翔飞行器验证机的飞行试验。该项目编号为 V-max（意为实验性机动飞行器），主管部门是法国国防采办局，总承包商是欧洲阿里安集团。项目目标是评价鉴定滑翔飞行器概念的潜在优势和局限，开展相关关键技术研究，如探索适合的结构材料、分析研究该滑翔飞行器所能携带的战斗部质量等。

2018 年，日本加大了高超声速助推滑翔导弹技术研究力度，在

2018财年已获批0.4亿美元预算的基础上，在2019财年预算中进一步申请了1.2亿美元经费，加快推动关键技术攻关，并计划在2026年形成第一代高超声速助推滑翔导弹（采用圆锥体滑翔弹头），2028年形成第二代高超声速滑翔导弹（采用扁平滑翔弹头），据称导弹射程均为300～500 km。同时，日本还披露，瞄准高超声速巡航导弹应用，计划开展超燃冲压发动机、热防护材料等技术研究，并计划在2023—2025年进行相关试验。

3.2 瞄准高超声速民用飞机应用，欧洲联合俄澳等多个国家继续推动高超声速飞行平台技术研究与验证

2018年底，欧洲联合俄罗斯、澳大利亚和巴西等国，通过高超声速飞行试验—国际合作（Hexafly-Int）项目，完成了一型马赫数7～8级高超声速滑翔飞行平台概念方案的评审工作。Hexafly-Int项目计划试飞一型速度马赫数7～8、无动力的滑翔飞行平台缩比样机。其中，俄罗斯中央空气流体力学研究院负责在2019年完成该样机的研制，目前正在进行CFD分析和风洞试验。该样机计划在2020年进行飞行试验，其远景目标是发展一型能够2～3 h从欧洲飞至亚洲和澳洲的高超声速民用飞机。欧洲长期致力于高超声速民用飞机技术研究，曾依托LAPCAT、ATLLAS、Hexafly等一系列科研项目开展了马赫数5级和马赫数8级高超声速民用飞机概念方案研究，在气动、动力、结构和材料等方面取得了一系列研究成果。

3.3 英国反作用发动机公司再获波音和罗·罗公司的战略投资，稳步推进“佩刀”发动机验证机地面试验台建设

2018年，英国反作用发动机公司（REL）成功完成新一轮融资，获投资金额达3 750万美元。更重要的是，在本轮融资中，继BAE系统公司之后，波音和罗·罗公司成为新的战略投资方，极大增强了“佩刀”发动机验证机的发展前景。2018年，REL公司在美国新建的TF2号试验站完成了首台预冷却器样机（HTX）与相关辅助设备的装

配，选定了 GE 公司 J79 涡喷发动机作为热源开展 HTX 高温考核地面试验验证，并完成了 J79 的安装试车等工作。

同时，REL 公司稳步推进英国 TF1 试验站的建设工作，预计 2019 年具备试验运行条件。根据目前进度，公司计划在 2020 年进行 20 t 推力量级的“佩刀”发动机验证机核心机试验（图 4），2021 年进行整机试验。

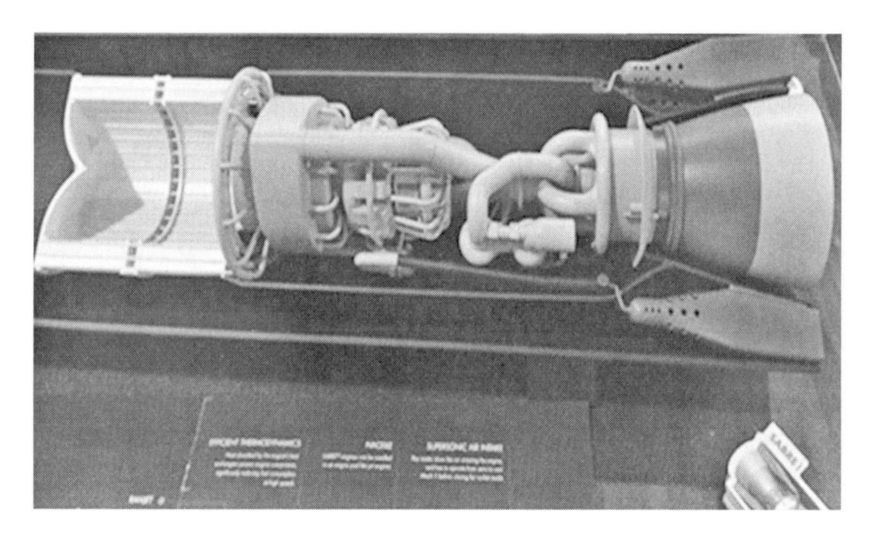

图 4　20 t 推力量级的“佩刀”发动机验证机概念图

4　结束语

随着需求不断细化和技术不断进展，高超声速飞行器的发展重心已从技术研究逐步向型号装备转进，总体技术路线和装备技术方案正在发生调整和细化，这些小变化的逐渐积累可能最终会引起一些方向性的大变化，值得密切关注和高度重视。

参考文献

[1] 美国空军 . www. af. mil.

[2] 美国国防高级研究计划局 . www. darpa. mil.

[3] 美国国防部 . FY2019 预算申请案 . http：//comptroller. defense. gov，2018-02.
[4] 美国联邦商机网站 . www. fbo. gov.
[5] 美国《航空周刊》网站 . www. aviationweek. com.
[6] 俄罗斯塔斯社 . www. tass. com.
[7] 廖孟豪 . 美军未来高超声速打击武器体系初露端倪 [J]. 飞航导弹，2015 (1).
[8] 廖孟豪. 从国防预算看美军高超声速技术科研布局和发展 [J]. 飞航导弹，2017 (8).

国外高超声速巡航导弹的发展情况综述

叶喜发　张欧亚　李新其　代海峰

由于高超声速武器具有速度快、高突防能力等优势，因而在未来战场中将成为主要的远程精确打击方式。本文分析并梳理了国外高超声速巡航导弹研究的试验情况，总结了各种高超声速巡航导弹的作战性能、关键技术发展情况、未来作战目的和使用方式。

引　言

高超声速巡航导弹是指飞行速度在马赫数 5 以上，飞行高度为 20～40 km 高空巡航飞行的飞行器。与传统的亚声速或超声速制导装备相比，具有飞行速度快、作战射程远、突防能力强、攻击范围广、结构质量轻和打击效能好等优点，主要对时敏目标、移动目标、加固目标等实施远程精确打击。其作战运用和威慑效能受到了各国的高度重视，逐步加大资金和技术的投入，增强对关键技术研究的攻关力度，积极推进高超声速巡航导弹的实战化进程。

1　美国高超声速巡航导弹的发展现状

美国为实现全球快速打击的能力，制定了高超声速飞行器的发展规划。经过多次飞行试验，关键技术得到了质的飞越，预计在 2025 年左右投入生产，实现战备值班。

1.1　X-51A“乘波者”高超声速巡航导弹

X-51A“乘波者”是一种吸气式高超声速巡航导弹（图 1），采取乘波体的气动布局设计，其尖锐的前缘使之具有小激波阻力。在动力方面，采用固体火箭助推器和亚燃/超燃双模态发动机，燃料为碳氢混合燃料。该技术标志着碳氢燃料超燃冲压发动机技术和可变几何进气道技术进入了技术应用阶段。飞行过程中采取 GPS 和 INS 组合导航系统，命中精度已达米级，同时能确保在 GPS 受到干扰和压制的情况下，仍可以利用 INS 导航系统完成导航和定位任务，增加了导航的稳定性和有效性。该飞行器的验证机在 2010 年起开始进行试验，总共进行了 4 次，前 3 次由于发动机点火、气动布局等原因导致了试验的失败，在 2013 年 5 月 1 日成功进行了第 4 次试验。通过试验，该飞行器在27 km 的高度实现了马赫数 5.1 飞行，并且射程为1 200 km，初步具备了美军 1 h 内打击全球任何目标的能力，主要应用在打击时敏目标或固定高价值军事目标上。

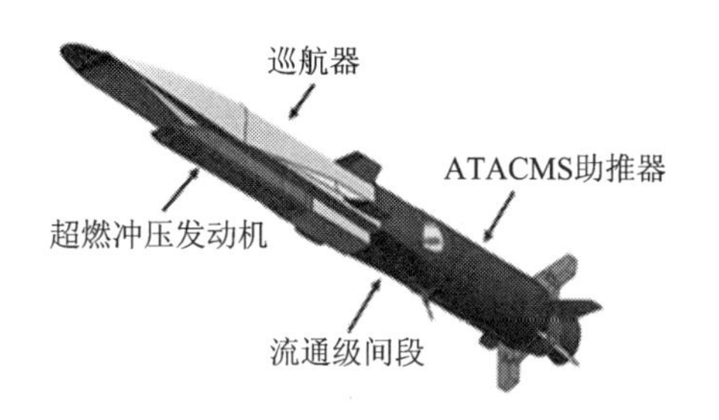

图 1　X-51A 高超声速巡航导弹

1.2　HAWC 吸气式高超声速武器方案

2014 年，美空军提出了 HAWC 研制项目，其目的是对机体/发动机一体化技术、制导控制技术和武器系统进行研究。采取了腹部进气和全动舵面的一体化翼身融合布局，具有外形隐身、航程远、质量轻以及设计简单等特点，能以马赫数 5、高度 18 ~ 24 km 进行高超声速巡航，射程为 925 km。主要对战场上的时敏目标、敌防空作战系统、高度防御目标等实施远程响应打击，预计在 2020 年前完成飞行试验和技术认证，并投入使用。2018 年 5 月 25 日，美国《防务内情网站》报道称，美国防部正在探索一种潜在的新式高超声速空射巡航导弹——HAWC 的海军改型，并希望可以与美海军在 HAWC 项目上进行合作，并且在 HAWC 项目后续的作战能力方面开展进一步合作。

1.3　HyFly 项目

该项目始于 2002 年，由美海军、DARPA 和波音公司共同研制。主要对双燃烧室的超燃冲压发动机、轻质高温材料、制导控制等关键技术进行研究验证。设计以马赫数 6 ~ 8、高度 27 km 的高空进行高超声速巡航，有效射程为陆基发射 1 100 km、空基发射 740 km。

该导弹为轴对称中心锥进气道无翼布局（图 2）。其采用了碳氢燃料的双燃烧室超燃冲压发动机，并分别于 2007 年 9 月、2008 年 1 月、2010 年 7 月进行了 3 次飞行试验，第 1 次由于燃油控制系统问题致使速度只达到马赫数3.5，后两次发动机均未启动，导致了试验的失败。美海军表示，将会自筹资金继续对其相关技术进行研究验证。

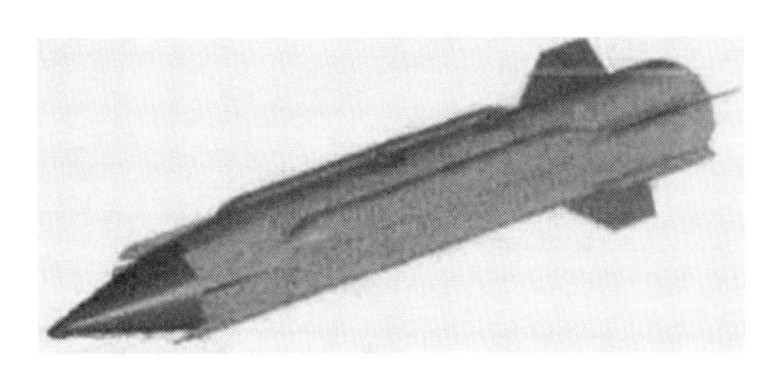

图2　美国海军HyFly高超声速巡航导弹

1.4　HSSW高超声速打击武器

2013年，DARPA分别授予了洛·马公司（96.5万美元）、雷声（97.6万美元）、波音公司（97万美元）的研发资金，由这3家公司共同对该项目进行研究。主要研究其复杂环境的生存能力、目标定位识别能力、自主规避威胁区能力、干扰下的高精度目标导引能力。飞行试验表明：其采用了扁圆的外形（图3），非对称尾舵布局，轻质紧凑，高效的双模态冲压发动机设计，发展速度为马赫数7，射程为1 000～1 800 km，飞行高度在18～22 km，可装备第5代战斗机，实现对时敏目标和严密设防目标的快速精确打击。

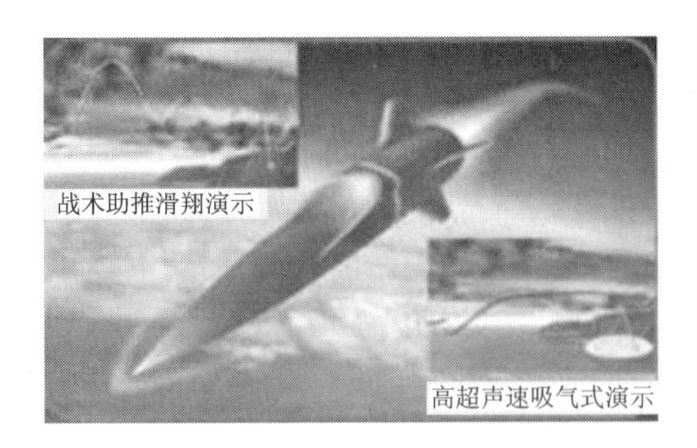

图3　HSSW高超声速打击武器

1.5 HCSW 空射型高超声速常规打击武器

2017 年 7 月，美空军装备司令部发布了关于 HCSW 招标预告，旨在研制和部署适应新型战斗机和轰炸机挂载的空射型高超声速导弹。将采用 GPS + 惯性复合制导的导航方式，配装现有战斗部，主要用于在 A2/AD 的环境下对高价值时敏或移动部署的目标实施防区外的远程快速打击任务。

2018 年 4 月 18 日，美空军装备司令部授予洛·马公司高超声速常规打击（HCSW）合同，总价值为 9.28 亿美元，由其完成项目的全部设计、开发、工程研制、系统集成、试验、后勤规划和飞机集成支持等工作。该项目直接由美空军部长指导，体现出对该项目的重视程度和最高的优先级别。预计在 2022 年形成初期的作战能力，并且还有约 6 亿美元的资金用于形成更加完备的作战能力研究。目前，对于 HCSW 项目是属于吸气式巡航导弹、助推滑翔弹或弹道导弹中的哪种类型，官方并未作出明确答复，因此引起了社会各界的纷纷猜测。根据其发展情况来看，估计可能是吸气式高超声速巡航导弹，还需进一步跟踪和观察。

从美军的高超声速巡航导弹飞行试验和发展情况中可以看出，对于高超声速巡航导弹的研制和发展呈现出重视程度更高、投入资金更多、关键技术成熟度更高、一体化设计更明确、实战化发展更明显等特点，在未来几年中陆续会进入生产和部署阶段，将改变未来战场的作战模式。

2 俄罗斯高超声速巡航导弹的发展现状

俄罗斯是最早进行高超声速飞行器研究的国家之一，但出于对关键技术的保密要求，对外宣传较少。随着研究的不断深入，在关键技术攻克方面取得了较大的进展，部分高超声速巡航导弹将进行生产和部署，形成初步的作战能力。

2.1 r3yp 高超声速导弹

2017 年 12 月，据《简氏导弹与火箭》披露，俄罗斯正在发展新型的战区级高超声速导弹（r3yp），该弹弹长为6 m，发射质量为1 500 kg，飞行速度为马赫数6，射程为1 500 km；采用70型冲压发动机，装备Gran-75主被动导引头，可以搭载在图-95MS或图-22M轰炸机，主要用于对严密设防的防空系统穿透和打击。同时，其生产和采购已经列入俄罗斯2018—2025新版国家武器装备计划框架，预计在2030年研制出速度为马赫数12的高超声速武器。

2.2 “匕首”高超声速巡航导弹

“匕首”高超声速巡航导弹是由俄罗斯空军研制生产的，采用惯性/卫星混合制导方式（末段采用全天候自动导引头），可以对探测目标在各飞行阶段修正航向，命中目标精度可达5～7 m，装有多功能战斗部，通过固体燃料推进，速度可达马赫数10，射程为2 000 km，由米格-31机载平台发射，能够在数分钟内打击目标（图4）。主要对威慑和打击严密设防的大型水面舰艇（如航母、巡洋舰、驱逐舰、护卫舰）等高价值移动目标，帮助俄军塑造中东、北非地区的军事安全态势。2018年3月1日，俄罗斯总统普京发表年度国情咨文称，“匕首”高超声速巡航导弹已于2017年12月在南部军区机场进入试验战备值班状态。自2018年初以来，按照试验战备值班计划，米格-31战机已搭载“匕首”导弹在不同天气条件下昼夜完成了250次飞行。该导弹是全球最先公布完成研制，并可能最先进入服役的高超声速巡航导弹。

图4　米格-31搭载“匕首”高超声速巡航导弹

2.3 “锆石”（3M22）战术级高超声速巡航导弹

“锆石”是由俄罗斯机械制造科研生产联合体（NPOM）负责研制的。采用类轴对称的弹体外形气动布局，使用碳氢燃料的固体助推器/超燃冲压发动机，装备主动雷达、光电复合导引头和红外导引头，可在30 km的巡航高度以马赫数6.2飞行，射程为400～600 km。可从舰船、潜艇和飞机上发射，发射质量为5 t，主要对海面高度设防的移动大型舰艇实施打击，其动力全程可控，机动和突防能力强，对目标的动能打击效能是目前空舰或舰舰导弹的50倍。自2011年至今，总共进行了5次试射。其中，2016年3月在标准工作模式下完成了陆基试射；2017年4月完成了首次海上试射，其飞行速度达到了马赫数8；后续还会进行潜射型和空射型研究，预计进入批量生产，并于2020年装备在“彼得大帝”号和“纳西莫夫海军上将”号核动力巡洋舰。

2.4 “布拉莫斯”-2高超声速巡航导弹

“布拉莫斯”-2高超声速巡航导弹是“锆石”导弹的出口改进型，基于印度高超声速技术验证器（HSTDV）的基础上，由俄罗斯和印度联合研制，该导弹可能成为首个实战化的高超声速巡航导弹（图5）。依据HSTDV的性能要求，“布拉莫斯”-2将采用超燃冲压发动机，燃料为液体、固体或混合燃料，可进行自主制导飞行，能以马赫数5～7、高度30～35 km的高空巡航，射程为300 km，具备较高的突防能力，具有陆射、空射、水面和水下4种发射方式。自2007年项目提出以来，经过4年的合作，在2011年正式开始研制，并将在2020年进行高超声速飞行试验，2024年完成样机研制并进行射飞试验。该项目只限于装备俄、印两国军队，不会用于出口。

俄罗斯在高超声速巡航导弹研制上，采取的保密措施更为严格。从飞行试验和发展情况来看，其研制已经进入了高速阶段，关键技术的成熟度更高，实战化进程更快，在2025年之前也会实现实战化部署和战备值班。

图 5 “布拉莫斯”-2 高超声速巡航导弹

3 法国高超声速巡航导弹的发展现状

3.1 “普罗米修斯”空射型高超声速巡航导弹

“普罗米修斯”由法国航空航天研究院（ONERA）和法国马特拉公司研制。采用半椭圆外形的无翼乘波器，弹长为 6 m，以碳氢燃料的双模超燃冲压发动机为动力，最大速度为马赫数 8。法国在 2003 年启动了为期 10 年的飞行试验计划项目（LEA），旨在开发研究方法，并进行相关演示与验证工作。

3.2 空射高超声速巡航导弹

2014 年，法国对 ASN4G“阿斯姆普”-A 空射巡航核导弹进行了改造工作，目标是研发高超声速技术，并在 2035 年前研制出破击防空系统的高超声速巡航导弹。该项目预计速度达到马赫数 7～8，长度为 20 m，采用机载发射方式，载机将是类似于空客 A400 的运输机。

法国等欧洲国家在高超声速飞行器研制方面，虽然对航天航空领域可回收的高超声速飞行器技术进行研制，但是随着其技术的不断成熟和发展，也逐步运用到了高超声速巡航导弹的研制之中，这也是不可忽略的研制力量，在未来的高超声速武器中将占据一席之地。

4 结束语

目前，从国外高超声速巡航导弹技术研制的最新进展来看，美国仍然领先于世界上其他国家。但随着俄、印、德、法等高超声速巡航导弹技术的不断发展和运用，其一家独大的局面即将被打破。随着高超声速技术中关键技术不断得到攻克和发展，一体化设计、智能化控制、通用化发展、实战化运用已成为高超声速巡航导弹的未来发展方向。高超声速巡航导弹一旦实施大批量的生产和部署，势必会颠覆未来战争的作战模式，如何适应未来战争的作战模式，需要依据未来的作战环境和作战模式，并根据高超声速武器的发展情况进行有针对性的研究，不断创新作战理论和作战方式，以夺取战争的主动权，最终赢得战争的胜利。

参考文献

[1] 张灿．DARPA 将开展吸气式高超声速武器方案的海军改型研发［J］．海鹰资讯，2018（5）．

[2] 胡冬冬．吸气式巡航导弹还是助推滑翔弹？美空军高超声速常规打击武器（HCSW）方案预判［J］．海鹰资讯，2018（4）．

[3] 刘都群，胡冬冬．俄罗斯披露射程 1500 公里的吸气式空射型高超声速导弹（r3yp）［J］．海鹰资讯，2017（12）．

[4] 刘都群，胡冬冬．对俄“匕首”高超声速导弹的分析与研判［J］．海鹰资讯，2018（3）．

[5] 廖孟豪．俄罗斯“匕首”空射高超声速导弹综述及研判［J］．空天防务观察，2018（3）．

[6] 陈敬一．高超声速巡航导弹发展与使用研究［J］．高超声速技术国际动态，2014（3）．

[7] 姚源，张连庆，陈萱．国外高超声技术近期重大动向评述［J］．高超声速技术国际动态，2015（4）．

美俄高超声速飞行器发展近况

范月华　高振勋　蒋崇文

本文介绍了美俄近几年在高超声速巡航导弹、高超声速助推滑翔飞行器以及高超声速飞机等领域的发展状况。在此基础上，分析了高超声速飞行器发展过程中遇到的高温热环境和吸气式动力系统面临的难题。

引　言

2018 年 3 月 1 日，普京在联邦会议的年度国情咨文报告中提到了 6 种俄罗斯最新的可改变全球战略力量格局的武器装备，其中包括两款高超声速武器——“匕首”高超声速空射导弹和“先锋”高超声速滑翔弹头[1]。报告在世界范围内引起轰动，再一次把世人的目光聚焦在高超声速飞行器的发展上。与此同时，在雄厚的经济基础和科学技术积累的支撑下，美国自 21 世纪以来一直都是高超声速飞行器领域的先驱者和领导者，无论是之前的 X-51A、HTV-2，还是最近的高速打击武器（HSSW）、先进高超声速武器（AHW），都走在了世界高超声速技术的最前列。本文将简单梳理近几年美国和俄罗斯在高超声速武器和高超声速飞机上取得的进展，并在此基础上分析高超声速飞行器发展过程中遇到的技术挑战。

1　高超声速打击武器

高超声速打击武器主要包括高超声速巡航导弹和高超声速助推滑翔飞行器，前者依靠喷气发动机在大气层内实现高超声速飞行；后者工作模式类似于弹道导弹，需要火箭助推到一定高度，然后无动力滑翔，但是飞行高度更低，且具有较高的机动性。无论哪种高超声速武器，相比于传统的弹道导弹，其更低的飞行高度和更灵活的机动能力，可以保证能更有效地躲开敌方导弹防御系统。

1.1　高超声速巡航导弹

1）高速打击武器

2012 年，美空军研究实验室（AFRL）发布了《高速打击武器验证项目》的招标预告；2013 年，洛·马公司提出一款 HSSW 方案，获得 AFRL 的支持，如图 1 所示。

洛·马公司提出的 HSSW 方案是一款空射型吸气式高超声速巡航导弹，采用常规导弹的轴对称外形，四片控制尾翼 X 形布局，圆截面

图 1　洛·马公司 HSSW 方案效果图

超燃冲压发动机位于机腹，飞行速度达到马赫数 4 ~ 6。通过 HSSW 项目，美空军希望发展远程防区外快速响应武器技术，并为将来可重复使用高超声速飞行器进行技术储备[2]。需要指出的是，美空军的 HSSW 项目并非单纯针对吸气式巡航导弹。从 2014 年起，AFRL 开始与美国国防高级研究计划局（DARPA）合作，希望通过高超声速吸气式概念武器（HAWC）和战术助推滑翔器（TBG）两个子项目分别验证高超声速巡航导弹和助推滑翔导弹中的关键技术。

2）高超声速吸气式武器概念（Hypersonic Air-breathing Weapon Concept，HAWC）

2014 年，美国国防高级研究计划局和空军联合启动了 HAWC 项目，旨在发展和验证高效、经济的空射高超声速巡航导弹系统中的关键技术。这些技术包括用于高超声速飞行的先进气动布局、基于碳氢燃料的超燃冲压发动机推进系统、热管理系统和先进制造技术[3]。

未来的 HAWC 要求达到巡航马赫数 5 以上，射程 1 000 km，能够从现有飞行平台（战斗机和轰炸机）上发射[4]。其相关研究工作主要由洛·马和雷声公司负责；为了满足巡航导弹随时随地都能进入战斗发射状态的需求，AFRL 正在加速超燃冲压发动机冷点火启动技术的攻关。到 2016 年底，HAWC 已完成概念探索并开始进行初步设计，预计 2018—2020 年进行首次飞行试验。

3）“锆石”高超声速反舰导弹（Zircon）

相比于美国在高超声速巡航导弹关键技术和飞行试验验证上的如火如荼，俄罗斯近期在高超声速巡航导弹上的主要成果有海基高超声速反舰导弹“锆石”（3M22 Zircon）的飞行试验[4-5]。“锆石”的研制单位是俄罗斯机械制造科研生产联合体（NPOM），分别于2016年和2017年完成陆基和海基试射。根据相关报道，该反舰导弹射程400 km，第一次试射达到马赫数6，第二次最大飞行速度更是达到马赫数8[6]。“锆石”很有可能是俄罗斯第一款实现部署的高超声速吸气式武器系统，现阶段其推进系统是固体燃料火箭和亚燃冲压发动机，与之匹配的超燃冲压发动机也在研发中。俄罗斯方面计划2018年将“锆石”反舰导弹投入生产，并于2019—2022年在“彼得大帝号”导弹巡洋舰上完成部署[7]。此外，“纳希莫夫海军上将”号导弹巡洋舰也将装备“锆石”高超声速反舰导弹，后续还会有潜射型和空射型，以满足立体式攻击的需要。

1.2 高超声速助推滑翔飞行器

1）战术助推滑翔器

2014年，DARPA与HAWC项目一同启动的还有TBG项目，两个项目分别致力于高超声速武器的两个不同方向。其中，TBG的主要任务是开展战术级空射高超声速助推滑翔导弹技术的飞行验证，需要解决的技术问题包括：气动外形设计、再入环境下的气动力热特性、大工作范围内的可控性等。

TBG本身只是一个具有优秀空气动力学特性的箭头形状的飞行器，如图2所示。依靠火箭发动机助推到达一定高度，然后无动力滑翔抵达指定目标，并能实现机动飞行躲避反导系统的拦截。TBG的最高速度能够达到马赫数9，射程1 000 km，与HAWC接近[4]。其承研工作主要由洛·马和雷声公司负责。目前TBG已经进入初步设计阶段，预计2023年之前进行样机的飞行试验。HAWC和TBG项目是近期美国国防高级研究计划局的重点研发项目，不断加大对其的研究经费投入[8]，从中可以看出美国加速将前期积累的高超声速关键技术向高超声速武器型号转化的决心。

图 2　TBG 项目示意图

2）先进高超声速武器

除了 TBG，美国在研的助推滑翔飞行器还有 AHW。不同的是，AHW 是一款高超声速战略助推滑翔飞行器，如图 3 所示，由美国陆军空间和导弹防御指挥部（USASMDC）负责，是美国防部常规快速全球打击计划（CPGS）的一部分。AHW 第一次进入人们视野，是 2011 年 11 月美国陆军在太平洋上空进行的一次成功的飞行测试，从夏威夷太平洋导弹基地升空准确命中位于马绍尔群岛的里根测试场目标，飞行距离超过 3 700 km[9]。此后 AHW 项目改由美海军负责，2017 年 10 月 AHW 的改进版再次在太平洋成功进行了海基试飞试验，后续可能会装备在“弗吉尼亚”级或者“俄亥俄”级核潜艇的导弹上。

图 3　AHW 高超声速滑翔飞行器

AHW 的高速滑翔弹头放弃了乘波体构型，而是采用更简单的“尖锥 + 裙 + 十字尾翼”布局，这种轴对称构型可以增大弹体容积和提高稳定性，而十字尾翼除了可以提高升力，还可以作为气动舵面实现弹体的机动飞行。AHW 弹道示意图如图 4 所示。

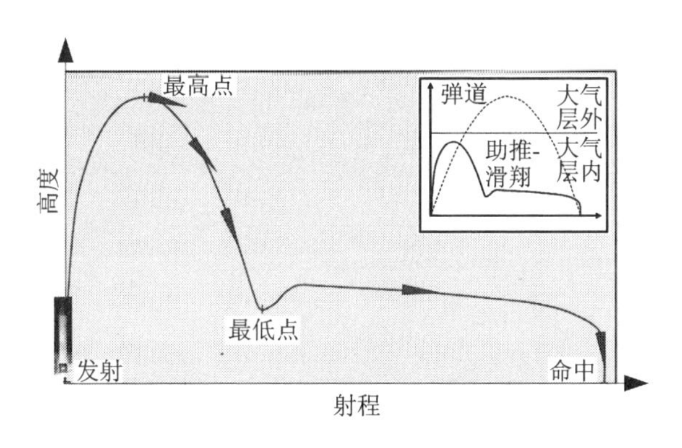

图 4　AHW 弹道示意图

3）高超声速常规打击武器（Hypersonic Conventional Strike Weapon，HCSW）

2017 年 7 月，美空军装备部发布了《空射高超声速常规打击武器工程研制合同》招标预告[10]；2018 年 1 月，洛 · 马公司获得了为美空军研制空射型高超声速常规打击武器的合同[11]。显然，美空军这一举措是在中俄快速发展高超声速武器的压力下，而自己的 HSSW、HAWC 和 TGB 等项目又无法短时间内完成预研转入工程研制，迫不得已采取的备选方案，其目的就是能够尽快完成工程研制并部署部队形成战斗力。考虑到技术成熟度，该型导弹极有可能采用火箭助推滑翔方式，其功能类似俄罗斯的“匕首”空射型高超声速导弹，属于低配版高超声速打击武器。

4）“匕首”高超声速导弹

“匕首”是俄罗斯新一代空射型高超声速弹道导弹。最高飞行速度达到马赫数 10，射程超过2 000 km，挂载在超声速战斗机米格-31BM 上，如图 5 所示。“匕首”可以携带核弹头或常规弹头，攻击陆地或海上目标；除了能够实现全飞行弹道机动，“匕首”还具有良好的隐身性能，可以有效躲避侦察和防空导弹的追击。基于相似的外形，现在普遍认为“匕首”是“伊斯坎德尔”（Iskander）导弹系统的空射改进版；相比于“伊斯坎德尔”，“匕首”在尾段进行了重新改进，且舵机明显变小[1]。

图5　挂载“匕首”的米格-31

从现场报告视频能够看到，“匕首”的前半段弹道飞行距离要远远长于助推滑翔导弹，更接近具有高横向、纵向机动性能的再入弹道导弹，只是作战效能接近助推滑翔导弹，这是由于其改自现役陆基导弹系统所致，优势是将大大缩短其研制周期，为尽早实现部署提供保障。另外，“匕首”的技术成熟度相当高，已经进入正式装备部队倒计时。自2017年12月在俄南部军事地区投入试验性战斗任务以来，到2018年3月挂载“匕首”高超声速导弹的战斗机已经完成超过250次飞行[12]；2018年3月和6月，俄罗斯空军已经成功实施了两次“匕首”的机载发射试验。

5）“先锋”高超声速助推滑翔飞行器

普京年度国情咨文报告中提到的另一种高超声速武器就是尚在研发阶段的“先锋”再入滑翔导弹。“先锋”的前身是15Yu71高超声速助推滑翔弹头，隶属于俄罗斯机械制造科研生产联合体的4202发展项目，该项目开始于2009年以前[13]。过去的几年中，15Yu71已经开展了数次飞行试验，2014年之后由于俄方推行的取代乌克兰生产的飞行控制系统中的元器件行动，导致研发进度推迟。最近一次“先锋”弹头成功试射发生在2017年10月，搭载“先锋”的火箭从奥伦堡地区的栋巴罗夫斯基（Dombarovskii）导弹基地发射，高超声速弹头最终命中位于堪察加半岛库拉（Kura）试验场的目标[1]。

“先锋”是一款战略级高超声速滑翔机动弹头（类似于美国的AHW），最大速度可以达到马赫数20，可以在水平和垂直方向实现机动飞行，绕过敌方反导系统。从图6能够看到，“先锋”采用了带有大后掠尖前缘的扁平面对称高升阻比气动布局，后体背部布置有两片外倾的大后掠垂尾，尾部布置有RCS喷口辅助飞行姿态控制。普京表示这种新型滑翔飞行器已经在进行批量生产，后续将用来代替传统弹头装备未来的“萨尔玛特”（Sarmat）洲际导弹，在此之前将先装备在苏联时期的UR-100N UTTKh洲际弹道导弹（即SS-19“短剑”）上[14]。

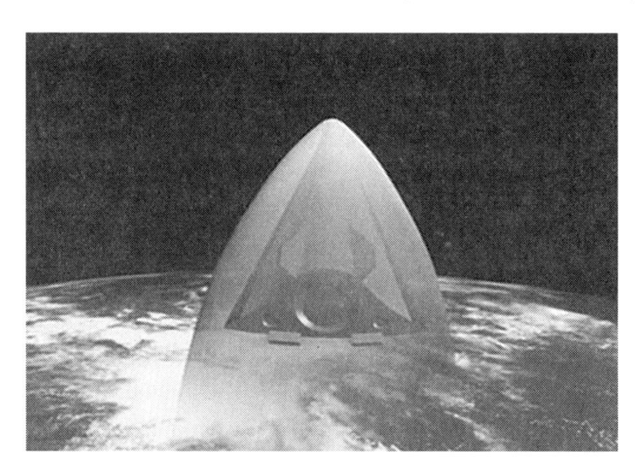

图6 “先锋”高超声速滑翔飞行器示意图

2 高超声速飞机

1）SR-72侦察机

2013年，洛·马公司表示正在研发一款高超声速察打一体无人机SR-72（图7），用来接替超声速侦察机SR-71。初步计划是制造一架战斗机大小的验证机用来开展飞行试验并进行相关技术测试，后续将研发一型SR-71尺寸的作战飞机，其中验证机的研制预计从

2018 年开始。从公布的效果图上可以看到，SR-72 采用大细长比机身、边条翼 + 大后掠梯形翼、单垂尾，双发动机位于机翼下方。SR-72 的设计速度可达马赫数 6，最大航程4 300 km[2]。高超声速飞机需要从静止起飞加速到高超声速，因此动力系统需要从低速到高超声速都能有效提供动力。为了满足这一目标，SR-72 使用涡轮冲压组合动力系统（TBCC），发动机上下并联并共用进气道和尾喷管，$Ma<3$时使用常规的涡轮风扇发动机，双模态冲压发动机在 $Ma>3$ 时开始工作。

图 7　SR-72 示意图

2）波音高超声速飞机

2018 年 1 月 10 日，在 AIAA（美国航空航天协会）2018 年度科技峰会上，波音公司首次公布了其高超声速飞机模型，巡航速度达到马赫数 5 以上，这是继洛・马之后美国第二家军工企业公布其高超声速飞机的研制计划，由此形成两强正面竞争的态势[15]。波音的优势是有 X-51A 超燃冲压发动机的研究基础，这将大大加快其高超声速飞机的研发进程。相比于 SR-72，波音高超声速侦察机采用大后掠双三角翼 + 双垂尾布局（为了兼顾低速性能），TBCC 动力系统左右并联而非上下并联。但是，波音的高超声速侦察机（图 8）与洛・马的 SR-72 仍有诸多相似之处，例如都将先从战斗机尺寸的验证机入手，都是无人驾驶飞机，动力系统都采用涡轮冲压组合发动机，这说明双方对于如何研制高超声速飞机取得了共识。

图 8　波音高超声速侦察机效果图

波音的战略目光并不仅仅局限在军用飞机上。2018 年 6 月 26 日，在 AIAA 2018 年度航空论坛上，波音公司又发布了一个高超声速客机模型[16]，如图 9 所示。两款模型外形上极为相似，客机模型的机头更加修长，同时增加了座舱设计；机身为了满足载客需求，设计得更加接近半圆柱形。

图 9　波音高超声速客机效果图

3　高超声速飞行器发展过程中的技术挑战

3.1　严酷的气动热环境

高超声速武器或者飞机在大气层内飞行时最主要的挑战之一就是

飞行器表面会经受高温的考验，这在高超声速助推滑翔飞行器上尤为明显（例如，“先锋”再入时前缘可能达到2 000 K）。轨道返回航天器一般设计成钝头体，这样飞行器再入过程会获得较大阻力，同时可以减小飞行器穿过大气层时的表面热流；而高超声速武器或者飞机需要在大气层内长距离飞行，这就要求它们有低阻力、高升力的气动外形，一般有尖前缘，而尖前缘在高超声速飞行时将会面临更加严峻的气动加热难题[17]。为了防止高温对飞行器表面的烧蚀，新型高温材料的研究和应用是必不可少的；同时，机载传感器和电子设备必须能够保证在高超声速和高温飞行环境中的有效性。

高超声速飞行同时还会带来其他空气动力学难题，例如热化学非平衡效应、高速流动中的转捩问题、空气电离引起的黑障和通信困难等。

3.2 动力系统难题

高超声速飞行使用的动力系统主要有火箭发动机和吸气式发动机。对于短射程武器（空空导弹）和超远程飞行器（助推滑翔导弹），火箭发动机是一种不错的选择。但是，对于大气层内的飞行（巡航导弹），由于不需要携带氧化剂，采用吸气式发动机可以携带更多的燃料或者战斗载荷。然而，传统的吸气式发动机在如此高的马赫数时难以工作，为了满足大气层内的高超声速飞行，超燃冲压发动机的概念在20世纪50年代被提出[18]。时间尺度是超燃冲压发动机的一大难题，空气从进入进气道，经过燃料混合、燃烧，一直到排出尾喷管，可能仅仅需要千分之一秒，这对于燃料的充分混合和燃烧是极大挑战。

经过半个世纪的发展，携带超燃冲压发动机的验证机X-51A于2013年5月1日试飞成功。与助推器分离后，X-51A在6 min的时间内飞行了426 km，达到马赫数5.1[2]。这次试飞意义重大，说明超燃冲压发动机作为高超声速飞行器的推进系统是实际可行的。从2017年开始，DARPA联合轨道-ATK公司开展先进全速域发动机项目

(AFRE)，进一步验证涡轮冲压组合循环发动机从马赫数0到超声速全速域范围工作的可靠性。

4 结束语

在X-51A、HTV-2等项目相继结束之后，美国相继推出了HSSW、HAWC和TGB等计划；而俄罗斯近期动作主要是“锆石”反舰导弹连续两次成功试射和普京提到的“匕首”“先锋”高超声速武器。可以看到，在高超声速飞行器的发展上，俄罗斯以“匕首”“先锋”为代表的高超声速助推滑翔导弹即将部署，领先于美国；而在高超声速巡航导弹和飞机方面，显然美国遥遥领先。高超声速飞行器的发展，必将推动与之相关的关键技术的进步，比如表面热防护技术和冲压发动机技术的成熟与应用。

参考文献

[1] 吴小宁，张秀刚，刘亚杰．俄罗斯最新杀手锏武器情况判读［J］．飞航导弹，2018（5）．

[2] 李文杰，牛文，张洪娜，等．2013年世界高超声速飞行器发展总结［J］．飞航导弹，2014（2）．

[3] Hypersonic air-breathing weapon concept［EB/OL］．https：//www. darpa. mil/program/hypersonic-air-breathing-weapon-concept，2018-04．

[4] 关成启，宁国栋，王铁鹏，等．2016年国外高超声速打击武器发展综述［J］．飞航导弹，2017（3）．

[5] 刘都群，安琳，武坤琳．2017年俄罗斯精确打击武器发展回顾［J］．飞航导弹，2018（5）．

[6] Russia's hypersonic Zircon anti-ship missile reaches eight times speed of sound［EB/OL］．http：//tass. com/ defense/941559，2017-04．

[7] Cooper J. Russia's invincible weapons：today，tomorrow，sometime，never? The University of Oxford Changing Character of War Centre，2018．

[8] DoD boosts hypersonics 136% in 2019：DARPA［EB/OL］．https：//breakingdefense. com/2018/03/dod-boosts-hypersonics-136-in-2019-darpa，2018-03．

[9] Wymer D G. Advanced hypersonic weapon flight test overview to the space & missile defense conference. U. S. Army Space and Missile Defense Command /Army Forces Strategic Command, 2012.

[10] 张宁，胡冬冬，叶蕾. 对美空军首型高超声速导弹的分析和预判 [J]. 战术导弹技术，2018 (1).

[11] The U. S. Air Force is pushing for a hypersonic strike weapon [EB/OL]. https://www. popularmechanics. com/ military/weapons/a21239436, 2018-01.

[12] Russian aerospace forces test launch Kinzhal hypersonic missile [EB/OL]. http://tass. com/defense/993439, 2018-03.

[13] 4202, izdelie 15Yu71, kompleks 15P771 [EB/OL]. http://militaryrussia. ru/blog/topic-807, 2018-04.

[14] Pervymi nositelyami giperzvukhovykh blokov "Avangard" stanut rakety UR-100N UTTKh [EB/OL]. https://www. vpk-news. ru/news/41795, 2018-03.

[15] "Son of Blackbird": Boeing reveals hypersonic concept that could replace SR-71 [EB/OL]. https://www. popularmechanics. com/military/aviation/a15070935, 2018-01.

[16] Boeing's hypersonic vision: a sleek passenger plane that can hit Mach 5 [EB/OL]. https://www. space. com/41042, 2018-06.

[17] Starkey R, Lewis M. Critical design issues for airbreathing hypersonic waverider missiles [J]. Journal of Spacecraft and Rockets, 38 (4).

[18] Weber R J, McKay J S. An analysis of ramjet engines using supersonic combustion [R]. National Advisory Committee for Aeronautics, TN-4386, 1958.

美俄高超声速导弹发展取得突破性进展

杨卫丽　廖孟豪　方　勇

高超声速武器作为未来战争的“游戏规则改变者”，其发展受到美国、俄罗斯高度重视。本文介绍了近期美俄高超声速导弹领域取得的新进展，指出美俄均在通过加强顶层规划，推动高超声速技术研发和应用转化；通过增加经费投入，全力支持高超声速导弹型号研制；通过多种途径加快高超声速技术武器化进程，并全力开展关键技术攻关。通过分析可得出，这些动向预示着高超声速技术发展正在由技术研究层面转入实战装备层面，高超声速导弹实用化进程加快。

引　言

高超声速技术是改变未来战争游戏规则的颠覆性技术。美国、俄罗斯作为航空航天大国，高超声速技术发展处于世界前列，已从概念和原理探索阶段进入了以高超声速导弹为应用背景的先期技术开发阶段。进入 2018 年以来，俄宣布“匕首”空射型高超声速导弹开始战斗值班，美公布国防部 2019 财年预算申请，启动多个高超声速导弹型号研制项目，这些动向预示着以“高超声速导弹”为突破口的高超声速技术发展正在由技术研究层面转入实战装备层面，高超声速导弹实用化进程加快。

1　加强顶层规划，推动高超声速技术研发和应用转化

2017 年 3 月，美国空军首次将发展高超声速武器比喻成一项“曼哈顿工程”，其重要性提升到国家战略竞争高度，随后开展一系列工作部署。

（1）制定战略指导文件规划高超声速技术发展。

2018 年 3 月，美国国防部主管研究与工程的助理部长玛丽·米勒透露，国防部正在制定、整合和完善“国家高超声速倡议”计划，整合之前分散开展的技术研发与验证工作，聚合优势资源、形成发展合力，从国家层面推动高超声速技术持续发展。

（2）调整机构设置牵引高超声速技术转化。

2018 财年国防授权法案（NDAA）第 215 条，将“高超声速联合技术办公室”（JTOH）更名为“联合高超声速转化办公室”（JHTO），确保当前和未来国防部高超声速技术项目能够更好地协调发展和顺利向装备转化；2018 年 4 月，美国国防部长马蒂斯称，正在规划成立“高超声速联合项目办公室”，旨在打破开发高超声速武器的限制性因素，将高超声速技术推向试验场，进而转化为作战能力转移到战场。

出于对自身安全的担忧，为保持对美战略平衡，俄罗斯也将发展高超声速武器列为重点方向。总统普京签署了俄罗斯《2018—2027 年

国家武器装备计划》，这是俄罗斯未来10年武装力量发展的国家顶层文件，开发高超声速武器并装备部队是该发展计划重点领域之一。此外，俄罗斯近年来还整合了高超声速研究领域的研究院所和机构力量，形成12个工作组，集中优势资源合力攻关，减少了协调管理的难度，助力了高超声速技术快速发展。俄罗斯国防部长鲍里索夫曾表示，俄罗斯国防部计划在2020—2022年转化一批高新技术，其中最主要的是空射高超声速导弹。

2 增大经费投入，全力支持高超声速导弹型号研制

美国防部2019财年预算申请文件显示高超声速研发预算超过10.25亿美元，比2018财年6.35亿美元增长63%，创近10年来新高。分析发现，造成涨幅的原因是美国空军新设立空射快速响应武器（ARRW）、高超声速常规打击武器（HCSW）导弹型号项目，海军新设常规快速打击（CPS）导弹型号项目，并计划2020年后取代“常规快速全球打击”（CPGS）。而在未来5年科研类预算编制中，ARRW、HCSW项目在2022财年预算结束，间接反映了2022年这两个项目将完成导弹样机研制和试飞，极有可能2023年前后列装战术级空射型高超声速导弹。预算申请文件还显示战略级CPS项目将在2019年下半年进入“工程与制造发展”阶段，并一直持续到2023财年（或以后），这意味着美海军战略级潜射型高超声速助推滑翔导弹2023年有可能形成装备。

经济困扰是制约俄罗斯高超声速技术发展的瓶颈，俄罗斯采取了联合国际力量共同研发的方式，通过技术交流缓解经费压力。新发布的《2018—2027年国家武器装备计划》预算规模为20万亿卢布，其中，升级战略核力量费用为2万亿卢布，包括装备高超声速弹头和“先锋”高超声速导弹。

3 多路并举，加快高超声速技术武器化进程

面向实战化目标，美国、俄罗斯采取了吸气式、助推滑翔式、弹道式多种技术方案并行的发展思路，相互补充，协调发展，尽早实现

高超声速武器走向实用。

3.1 美国

在经历长期的技术研究并积累一定技术基础后，美军高超声速导弹科研布局正在由国防高级研究计划局和国防部长办公厅等直属机构主导开展、以技术集成演示验证为目标的预先研究，开始转入由空军、海军等军种主导，以形成作战能力为目标的型号研制。

助推-滑翔高超声速导弹形成射程衔接导弹谱系。从美国已公布的高超声速导弹项目看，战术级项目包括：一是空军空射快速响应武器（ARRW）空基型项目，是在 TBG 基础上开展的原型机研制与试飞，2022 年完成工程研制，2023 年左右实现列装；二是 DARPA 正在开展的战术助推-滑翔飞行器（TBG）项目，是 HTV-2 的缩比飞行器，采用高升阻比外形设计和高效热防护系统，可以 $Ma = 8 \sim 10$ 的速度打击 1 852 km外的目标，计划 2019 年飞行试验。2019 财年国防预算文件显示将增加对该项目投资，发展舰射型；新增设的“作战火力”（OpFires）项目，是美国陆军基于 TBG 项目的技术成果转化，最终与前者形成空基/舰基/陆基多平台发射的 TBG 系列导弹。

战区级项目主要是海军潜射常规快速打击型号项目，下设有两个型号导弹，一是基于前期陆军开展的先进高超声速武器（AHW）项目方案（在验证了助推滑翔导弹的技术可行性后，2014 年将项目主导权移交海军），针对潜艇导弹发射管进行了适应性改进，形成海基型号，并于 2017 年 10 月完成了首次高超声速助推-滑翔飞行试验，飞行距离超过 3 800 km，海军计划 2019 财年、2022 财年分别开展第二次、第三次飞行试验。二是国防部长办公厅的常规快速全球打击项目，正在开展集成试验。美国国会已经责成美国防部必须在 2020 年 9 月底前完成该项目采办项目里程碑 A 决策，即转入型号项目的技术成熟与风险降低阶段，之后移交美国海军主管。海军计划 2020—2023 财年申请预算 16.3 亿美元将该项目发展为射程 5 000 km 左右的海基型号，预计 2023 年后形成装备。常规快速打击型号项目将装备潜艇执行全球机动打击任务。

吸气式高超声速巡航导弹继续演示验证。2014 年，美空军研究实验室和 DARPA 联合提出了高超声速吸气式武器概念（HAWC）计划，旨在开发和演示空射型高超声速巡航导弹的关键技术，使得“针对时敏目标或重度设防目标的及时响应远程打击”手段发生质变，能够做到以 $Ma=6\sim8$ 的速度打击 1 111.2 km 外的目标。计划 2019 年开始飞行试验。

空基弹道式高超声速导弹启动研制。2017 年，空军启动高超声速常规打击武器（HCSW）项目，采用空射弹道式方案，配备 GPS/INS 制导系统、现有战斗部和火箭发动机等高度成熟技术，快速研制和部署一型适应现役战斗机和轰炸机挂载的空射型高超声速导弹，作为过渡型号，于 2022 财年形成应急作战能力，满足“反介入/区域拒止”（A2/AD）环境下对高价值、时敏目标或可移动部署的地面、海面目标进行快速打击的需求。

3.2 俄罗斯

基于深厚的技术基础、发展经验，俄罗斯近年来重启高超声速武器研发项目，并快速取得重大进展。从公开报道看，俄罗斯高超声速导弹系统将领先美国进入实战部署。

空射弹道式高超声速导弹即将入役。“匕首”是空射再入机动式弹道导弹，以米格-31 截击机为载机（图 1），导弹外形与“伊斯坎德尔”战术导弹类似，质量达 4 t，携带核或常规战斗部，射程达 2 000 km，最大速度达 $Ma=10$，采用单级火箭发动机，能进行有限弹道机动，俯冲打击水面舰船或地面目标。2018 年 3 月 1 日，俄总统普京在国情咨文中宣布其已于 2017 年 12 月 1 日开始执行战斗值班任务，成为世界首款服役的高超声速导弹。

超燃巡航型高超声速导弹酝酿发展。吸气式高超声速巡航导弹 3M22“锆石”，射程约 400 km、飞行速度 $Ma=5\sim6$，2011—2016 年共进行了 5 次飞行试验，预计 2018 年开始批量生产，2022 年在“彼

图 1　米格-31K 挂载“匕首”

得大帝”号核动力巡洋舰上列装，后续还将发展潜射型和空射型。俄印联合研制的“布拉莫斯”-NG 高超声速巡航导弹，射程 300 km，飞行速度 $Ma=5\sim7$，计划 2022 年开始工程研制，2024 年完成样弹研制。

助推-滑翔型高超声速导弹取得突破。“先锋”高超声速导弹射程超过 10 000 km，飞行高度在 70～100 km，飞行速度超过 $Ma=20$。普京总统在 2018 年国情咨文中宣布，项目代号为 4202、编号为 Yu-71 的“先锋”导弹已进入量产，现役洲际弹道导弹和“萨尔玛特”都将作为发射系统，其中一枚“萨尔玛特”战略导弹可以携带 24 枚 Yu-71 飞行器，该飞行器有可能在 2020—2025 年间部署，现已批量生产。

此外，“萨尔马特”重型洲际弹道导弹计划 2025 年服役，可携带分导弹头，也可采用高超声速滑翔弹头，洲际导弹突防能力大幅提升。

4　明确重点，“由易到难、从无到有”开展技术攻关

美国研发助推滑翔飞行器的历史已有 60 余年，在经历了“三起三落”的发展之后，以 HTV-2、HyFly、X-51A 等为代表的高超声速飞行器进入了密集飞行试验阶段。但飞行试验成功率不高，气动控制技术、热防护技术、超燃冲压发动机技术等难题尚未完全攻克，难以按原计划开展工程研制并交付使用[7-10]。为了满足迫切的现实需求，尽快形

成高超声速打击能力，美国于2014年调整了高超声速导弹发展路线，将技术难度相对低的战术、战区级高超声速导弹列入发展重点。2019财年国防预算申请新公布项目进一步印证了美军这一发展思路，7个项目均为战术、战区级，战略级作战任务则以潜艇为发射平台，借助水下机动发射高超声速导弹实现全球打击目标；同时，7个项目仅一项为有动力巡航式，一项为有动力弹道式，其余均为无动力滑翔式，表明美国在技术路线选择上，技术风险较低的火箭助推导弹成为近期对抗“反介入/区域拒止”能力的优先发展事项，后续美国将通过持续技术攻关及演示验证，逐步掌握并拥有战略级高超声速飞行器，提升战略制衡能力。

冷战时期，苏联研发出世界上首款超燃冲压发动机；冷战结束后，又开始探索高超声速飞行器的稳定性、可控性与有效载荷等技术。2011年以后，针对美国大力发展高超声速技术态势，俄罗斯对高超声速武器的研发增强了关注度、加大了投入力度，近期公布的高超声速武器，既有战术级“匕首”空射型弹道式方案，也有战略级“先锋”高超声速助推-滑翔式方案，还有吸气式高超声速巡航导弹3M22“锆石”“布拉莫斯”-NG等，揭示了俄罗斯发展高超声速武器的思路，即通过现有技术挖潜率先推出战术级“匕首”空射型弹道导弹服役，同步开展高新技术研发以推进无动力滑翔式“先锋”导弹、有动力巡航式的“锆石”“布拉莫斯”-NG导弹陆续入役。利用多技术方案并行，尽早落实非核遏制能力，形成对美制衡的全新非对称优势。俄罗斯国防部表示，2025年前将向部队提供全新高超声速武器。

5 结束语

导弹攻防对抗始终是一对相互促进、竞争发展的“矛”与“盾”。无论是助推-滑翔、吸气式巡航还是机载弹道式方案，都是弹道导弹融合不同高新技术的再发展，旨在实现全程机动变轨突破导弹防御系统拦截。这种强突防能力与“点穴”式的“精确打击”效果相结合，一旦部署，将与核武器形成混合配置，相互补充，进一步增强威慑的可信性、有效性，形成慑战兼备的战略力量，保持全球战略平衡和对抗

“反介入/区域拒止”能力。反过来，进攻武器的发展又进一步刺激了防御技术的发展。美、俄目前均同步开展高超声速防御技术研究。美国导弹防御局2018财年正式启动“高超声速防御”专项，未来5年计划投入7.3亿美元，发展高超声速武器防御能力。2018年5月，美国导弹防御局向工业部门发布征求建议书，寻求高超声速武器防御“杀伤链”先进技术，主要包括早期识别和持久跟踪、低时延通信和处理、动能和非动能拦截系统技术等，目标是2023年使其技术成熟度达到5级。俄罗斯正在研制的S-500地空导弹系统，作为一个大系统，具有极强的目标适应性，可防御多种类型的空中、临近空间、空间目标，一旦研制成功，可从实质上推动俄罗斯高超声速武器的防御能力。未来，导弹攻防博弈更加激烈。

参考文献

[1] Non. U. S. department of defense fiscal year 2019 budget request [R]. 2018, 2.

[2] Non. Presidential Address to the Federal Assembly [R]. 2018, 3.

[3] Amy F Woolf. Conventional prompt global strike and long-range ballistic missiles: background and Issues [EB/OL]. 2018, 4.

[4] Non. Lockheed Martin to develop hypersonic missile for USAF [EB/OL]. 2018-06-01. http: //www. airrecognition. com.

[5] 佚名. 国防部谈俄罗斯最新武器 [N]. 俄新社, 2018. 7. 19.

[6] 胡冬冬, 叶蕾. 对当前美国空军高超声速领域发展态势和方向的研判 [J]. 现代军事, 2017 (9).

[7] 柳青, 朱坤, 赵欣. 高超声速精确打击武器制导控制关键技术 [J]. 战术导弹技术, 2018 (6).

[8] 张灿, 胡冬冬, 叶蕾, 等. 2017年国外高超声速飞行器技术发展综述 [J]. 战术导弹技术, 2018 (1).

[9] 范月华, 高振勋, 蒋崇文. 美俄高超声速飞行器发展近况 [J]. 飞航导弹, 2018 (11).

[10] 王康, 高桂清, 杨明映, 等. 俄罗斯先锋高超声速巡航导弹主要特点及启示 [J]. 飞航导弹, 2018 (9).

国外高超声速飞行器研究现状及发展趋势

姜　鹏　匡　宇　谢小平
张文广　彭奇峰　康宇航

高超声速飞行技术自21世纪以来吸引了越来越多航空航天领域专家的关注。本文首先介绍了高超声速飞行器的概念与需求，在此基础上分析了当今国外高超声速飞行器的最新研究与发展情况。根据目前高超声速飞行器的现状，着重分析了其关键技术。最后，对高超声速飞行器的未来发展前景进行了展望。

引 言

自 1991 年苏联解体标志冷战时代结束后，以美国为首的西方国家愈发着迷于先进武器的研制，高超声速飞行器就是其中的佼佼者。进入 21 世纪后，以美、俄、德、英、印度等国为代表的一些国家对高超声速飞行器愈发关注，使其成为新型军事武器装备中的一大热点，并相继为这一武器装备制定了 Hyper-X、HyFly、HIFiRE、Hy-V、“布拉莫斯”-2、LEA、“云霄塔”等多项重要研究计划[1-3]。

高超声速飞行器指的是飞行速度超过马赫数 5 的飞机、导弹、炮弹之类的有翼或无翼飞行器，如图 1 所示。它所采用的超声速冲压发动机被认为是继螺旋桨和喷气推进之后的第三次动力革命[4,5]。高超声速飞行器与过去的亚声速和超声速飞行器相比，不仅大幅提高飞行速度、缩短打击时间，而且显著提高飞行器的突防成功概率与生存概率[6-10]。

图 1　高超声速飞行器

近年来全球经济形势不景气，世界大部分国家都在削减各种开支预算，致力于把更多资源投入到经济建设中去，各国的国防预算虽然或多或少有提高，但对新兴武器行业更少涉足，可是以美国为首的军事强国对于高超声速飞行器技术的研究却是持续“高温发热”，由此足以看出对高超声速飞行器的重视程度。根据最新的美国预算文件，美国国防部已经为美国海军 2017 年高超声速飞行器试飞在 2016 财年申请了7 290万美元的经费，并在预算申请文件中注明，“与CPGS国家队联合完成2017财年试飞项目（FE-1）的系统需求评审”[11]。此外，美国国防部高级研究计划局（DARPA）在2017年继续为高超声速吸气式武器概念（HAWC）和战术助推滑翔（TBG）两个高超打击武器验证项目申请经费，其中HAWC项目2017财年预算申请额为4 950万美元，TBG项目2017财年预算申请额为2 280万美元[12]。

1 国外研究现状

从飞行器诞生之日起，飞行速度一直都是一个重要的性能指标。尤其是在新时期信息化战争中，速度显得尤为重要，速度高的一方将拥有更多的战争主动权、更富裕的快速反应时间、更强的作战打击能力。正因为速度的提高能够给人类（特别是军事方面）带来如此之多的实惠，各国才积极进行高超声速飞行器技术的研究[13]。目前，国外主要有美国、俄罗斯以及欧盟在研究高超声速飞行器。

1.1 美国

1）X-51A高超声速无人飞行器

X-51A高超声速无人飞行器是美国于20世纪90年代提出的“全球快速打击”计划的一大重要产物，如图2所示，该计划是美国国家空天飞机计划和X-43计划的延续，由美国空军研究实验室、DARPA、波音公司与普·惠公司联合研制，代号为“乘波者”[14-20]。

图2 X-51A

X-51A 高超声速无人飞行器长 7.62 m，宽0.58 m，飞行高度大于 21.3 km，最大射程可达740 km，最大速度可达马赫数 6，发动机采用的是 SJY61 型碳氢燃料主动冷却超燃冲压发动机。

X-51A 高超声速无人飞行器来源于美国空军实验室 2003 年初制定的吸热式燃料超燃冲压发动机飞行验证机计划，直至 2005 年 9 月才将计划编号更改为 X-51A。2010—2013 年，X-51A 高超声速无人飞行器已经进行了 4 次试验。2010 年 5 月 26 日首飞取得了成功；第二次与第三次试飞分别于 2011 年 6 月 13 日与 2012 年 8 月 14 日进行，但皆以失败告终；2013 年 5 月 3 日进行了第四次试飞并取得成功，此次试飞也是 X-51A 高超声速无人飞行器的最后一次试飞，成功验证了吸气式超燃冲压发动机推进飞行的可行性，试飞的成功为 X-51A 计划画上了一个圆满的句号。

2）SR-72 高超声速无人机

2007 年美国洛·马公司提出新型战略隐身多用途飞机概念——SR-72 高超声速无人机，如图 3 所示。SR-72 高超声速无人机是一种双发隐身高超声速无人机，主要用来取代美国已经退役的 SR-71 黑鸟，航程与 SR-71 相同，大约为 4 800 km，但是飞行速度却能达到马赫数 6，并且集情报搜集、侦察、监视和打击等多种作战功能于一体。

图 3　SR-72 高超声速无人机[21-25]

SR-72 高超声速无人机长约 30.5 m，2013 年 5 月 3 日 X-51A 最后一次试飞成功后，紧接着 2013 年 11 月 1 日在美国《航空周刊》杂志网站第一次正式披露 SR-72 高超声速无人机，预计 SR-72 高超声速无人机的原型机会在 2018 年进行试飞（原型机很可能采用有人驾驶飞行研究机），而实用型的SR-72则大概需要在 2030 年左右投入使用。

1.2 俄罗斯

俄罗斯的高超声速飞行器计划可以追溯到 20 世纪 80 年代末，并且远远强于当时的美国。可是随着苏联解体与冷战结束，俄罗斯无论是军事上，还是经济上，都已不复当年，其高超声速飞行器计划的研制工作也放慢了速度，直至 2012 年，才再次看到俄罗斯完成高超声速与载机挂架的分离试验消息，也让人们对昔日军事大国抱起了热切的期盼。据悉，俄罗斯中央流体力学研究院（TsAGI）已完成了可重复使用高超声速有翼火箭运载空天飞行器 MPKH 的第一阶段可行性研究，如图 4 所示，并在 2015—2017 年进行“布拉莫斯”-2 高超声速导弹的试飞试验，如图 5 所示[26]。在俄罗斯如此多的高超声速飞行器中，近两年来最引人注目的恐怕要数 Yu-71 高超声速助推滑翔飞行器，如图 6 所示[27]。

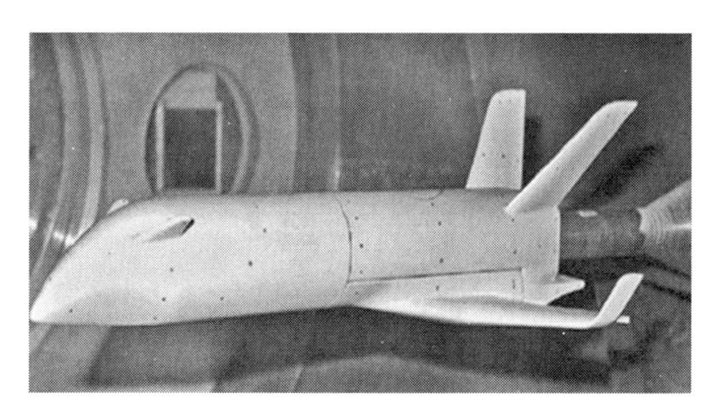

图 4　高超声速有翼火箭运载空天飞行器 MPKH

Yu-71 高超声速助推滑翔飞行器是由俄罗斯战术导弹公司及俄罗斯机械制造科学生产联合体联合研制的项目，项目代号为“4202 工程”，该工程主要是为了对抗 20 世纪美国建立的弹道导弹防御系统。据《简

图 5 “布拉莫斯”-2 高超声速巡航导弹

图 6 Yu-71 高超声速助推滑翔飞行器

氏防务周刊》2015 年 6 月报道，俄罗斯将在 2020—2025 年生产 24 枚具备核打击能力的导弹，这种导弹将配备 Yu-71 高超声速飞行器[28]。

为获得较大的内部空间以及良好的气动性能，Yu-71 高超声速助推滑翔飞行器很可能采用了升力体构型。为了保护飞行器机体、鼻头以及两翼不在大气层中被烧坏，Yu-71 高超声速助推滑翔飞行器采用了被动烧蚀热防护措施，其制导体制采用 3 段制导，助推段与滑翔段采用的是惯性 + 卫星 + 天文组合导航方式，末段采用雷达 + 红外成像组合制导方式。未来，俄罗斯将采用 Yu-71 高超声速助推滑翔飞行器与其他高超声速飞行器组合攻击方式以突破敌方的导弹防御系统。

1.3 欧盟

除美国和俄罗斯外，欧盟近年来也在加紧进行高超声速飞行器的研制，但不像美国与俄罗斯那样偏向于高超声速飞行器的军事应用，欧盟把更多的关注放在了民事应用方面，如宇宙探索、航空运输等。欧盟在 2005 年就进行了“长期先进推进概念和技术”（LAPCAT）计划，随后陆续又开展了LAPCAT-Ⅱ、ATLLAS-Ⅰ、ATLLAS-Ⅱ等关于高超声速飞行器的研究计划。其中，比较出名的作品要数英国反应发动机公司建议采用“佩刀”发动机的超声速客机以及德国 DLR 公司正在研制的SHEFEX试飞器，分别如图 7 和图 8 所示[29-31]。

图 7　超声速客机

图 8　SHEFEX 试飞器

2 关键技术

从古至今，世界各军事强国一旦发生军事力量失衡，必定发生战争，如要保持世界和平，则需要一定的军事手段来制衡。二战结束至今，美苏之间的关系就是如此，自美国在日本抛下两枚原子弹伊始，为了保证相对的军事平衡，苏联也相继研制出了原子弹。冷战结束后，为了保证军事领先优势，防御俄罗斯的导弹，美国又研制出了导弹防御系统，并一而再再而三地将导弹防御系统建在俄罗斯的家门口。从2016年5月12日的罗马尼亚“宙斯盾”反导系统正式投入运行，到2016年5月13日美国在波兰建立的“宙斯盾”反导基地正式动工，无一不是针对俄罗斯的导弹武器装备，正是北约东扩的外在体现。为了突破美国所建立的反导系统，高超声速武器装备正是重要的反制手段之一，其关键技术主要包括以下几个方面：

1）热防护技术

由于高超声速飞行器的飞行速度异常快，特别是经过大气层阶段，整个飞行器将承受巨大的压力与热量，为了保证高超声速飞行器能够顺利执行任务，热防护技术是基础，更是关键。如何设计质轻、耐热的材料将是完成良好热防护技术的重中之重，基于此，应该重点开展基础材料技术的探究，如长时间防隔热与热匹配密封技术、可靠性高易维修隔热材料技术、材料温控系统材料技术、材料力学分析技术等。同时，高超声速飞行器的飞行参数（如热稳定参数、不同部位的受力参数等）也应该通过各种理论分析与试验获得。高超声速飞行器一旦具备良好的热防护技术，不但可以保护其免受大气侵蚀，还可以向可重复使用方向拓展，不久的将来，乘坐高超声速飞行器旅行也很可能实现[32]。

2）推进技术

推进技术是高超声速飞行器的核心技术之一，无论是舰艇、战机、导弹、航天器，还是火箭，发动机都是这些武器装备的“大心脏”，发动机的好坏直接关乎高超声速飞行器的动力。高超声速飞行器在整个

巡航飞行阶段的速度都基本保持在马赫数5以上，要想实现如此高的巡航速度，没有性能优异的推进技术是不可能的。当前比较流行的一种方法是采用以超燃冲压发动机为基础的组合推进技术来为高超声速飞行器提供动力，超燃冲压发动机是实现高超声速飞行器高速巡航（巡航速度达到马赫数5以上）的关键。但是单一使用超燃冲压发动机并不能完成，因为超燃冲压发动机的启动是建立在高超声速飞行器飞行速度达到一定值的基础上，所以必须采用以超燃冲压发动机为基础的组合推进方案，主要包括：火箭基组合循环（RBCC）、涡轮基组合循环（TBCC）和固体火箭助推的双模态超燃冲压发动机方案[33-37]。

3）导航制导控制技术

高超声速飞行器的最大优点是速度，然而事物总有两面性，有好的一面就有坏的一面，对于高超声速也是如此。高速巡航能够使其难以被敌方防御系统拦截，还能够在极短时间实现对敌方重要设施的有效打击，为战争制胜争取更多的时间。但是面对如此高速的巡航速度、面对突然出现的威胁，高超声速飞行器如何快速可靠转向以避障；面对突发目标又如何精确打击目标；临时改变任务需要重新规划新的航线时如何保证实时性要求等，这一系列关乎导航制导与控制相关的技术在如此高速的巡航速度下都将难上加难，速度快，留给飞行器导航制导与控制的时间就短。

3　未来发展趋势

高超声速飞行器技术作为21世纪世界各国竞相发展的一项顶尖技术，必将在未来各国军事抗衡、战略布局中占据一席之位。特别是近几年，美国、俄罗斯与欧盟都进行了多次高超声速飞行器飞行试验，虽然失败居多，但是不可否认，各国对于高超声速飞行器技术的着迷程度有增无减，以往失败的经验经历也给高超声速飞行器的发展带来了更多希望，优先发展优异高超声速飞行器的国家也必将助推其综合国力。未来高超声速飞行器技术有可能会朝着以下几个方向发展：

3.1 察打一体化方向

无论是对于有人机，还是无人机，察打一体化都是目前研究的一个趋势。高超声速飞行器飞行速度快、应变能力强，面对敌方的各种防御武器、防御设施时，比一般的飞行器具备更大的优势。自古以来时间对于战争来说是至关重要的一环，胜败得失有时或许就在毫秒之间。高超声速飞行器本身具备高巡航速度，相比一般的侦察机，若从同一基地起飞侦察某一区域时势必更早侦察到敌方目标，而其固有的速度优势也将使其更善于躲避敌方防空武器的狙击，生存概率大大提高，如此，更多的情报将会被收集到。突发性也是战争的一大特点，当飞行器在侦察过程中发现需要立即打击的目标，时机稍纵即逝，这时察打一体的飞行器将拥有更大的优势。察打一体化的高超声速飞行器极大地缩短了从发现到摧毁目标的时间，非常适应战场态势瞬息万变的信息化现代战争。

3.2 隐身化方向

随着近年来高超声速飞行器研制的稳步进行，针对高超声速飞行器的防御体系技术也紧锣密鼓地进行着，这势必会对高超声速飞行器的生存概率造成极大的威胁。虽然公开资料显示，截至目前尚没有高超声速飞行器的武器装备问世，仍然需要对未来极有可能发生的一些潜在威胁做好准备，而高超声速飞行器的隐身化就是一种非常有效可靠的手段。试看当今世界的主要几种先进战机或者导弹，无一不是隐身化的武器装备，如美军的“猛禽”“闪电”以及俄罗斯的 T-50，这都表明高超声速飞行器的未来也应具备这种性能。以往的隐身化技术研究主要针对亚声速飞行器，若想运用在未来的高超声速飞行器上，可以在现有的隐身技术上做改动或者改进，以探究出适合于高超声速飞行器的隐身化技术，所以隐身化必然是高超声速飞行器的一个重要发展方向。

3.3 易维护的一体化方向

现代战争的瞬时性对各种武器装备提出了更高、更严格的要求，无论是武器的装备、运输、装弹、拆卸，还是维护，这些步骤都需要在尽可能短的时间内完成，只有这样才能为战争制胜争取更宝贵的时间。过去不少武器装备都是由各种分立分离的元器件组装而成，这往往造成一种现象：各分立元器件进行分离测试时没有一点问题，只是一到组合拼接进行实装测试就故障百出，引起这种状况的原因层出不穷，而且一时还难以排除，很可能会影响武器装备的列装时间。高超声速飞行器作为一种比较新兴的武器装备，很多技术仍未成熟，如若能从一体化入手，从设计思想到后面的布局再到后面的维护保养都由一体化出发，必定能取得更好的效果。

4 结束语

21 世纪的战争不再是以军事战斗人员的数量取胜的时代了，而是建立在新型军事科技基础之上的军事力量对拼，作为新型高科技武器装备之一的高超声速飞行器将对战争的胜败产生深远的影响。虽然目前公开场合还没有哪个国家装备这种武器装备，若能在这一领域领先他国就能赢得一定的主动权，甚至会成为战争成败的决胜点。与时俱进，在远距离、快节奏的国际大格局大环境下，高超声速飞行器必将引领某一军事领域的潮流。诚然，军事武器装备的研制并不是以挑起战争为目的，但是在纷繁复杂的年代里，只有自身强大才能拥有自己的话语权，才能获得属于自己的领土领域。

参考文献

[1] 李文杰，牛文，张洪娜，等. 2013 年世界高超声速飞行器发展总结 [J]. 飞航导弹，2014 (2).

[2] 牛文，李文杰，胡冬冬，等. 2014 年国外高超声速技术发展动态回顾 [J]. 飞航导弹，2015 (1).

[3] 韩洪涛，王友利．2013 年国外高超声速技术发展回顾 [J]．中国航天，2014 (3)．
[4] 高超声速飞行器 [EB/OL]．http://baike. baid. com/link? url = eyioHhGjPleW-teATYUkqK3rt3E _ I57L3jznMYhsXV-b _ zSYHoLaowVs3cePEIj6trZLe5q7lZ-0lxY-qIrmJ_，2014．
[5] 高超音速飞行器 [EB/OL]．http://baike. baid. com/link? url = m7297-wruF-pbtxDdHXTQhytfoYPlQrdl-Y3dmowUosJrmihaKydwp-TvGk8UWaXt8-7fHWaqKOfrOED-stGr0iQK，2014．
[6] 彭彪，张志峰，马岑睿，等．国外高超声速武器研究概述及展望 [J]．飞航导弹，2011 (5)．
[7] 党爱国，郭彦朋，王坤．国外高超声速武器发展综述 [J]．飞航导弹，2013 (2)．
[8] 沈剑，王伟．国外高超声速飞行器研制计划 [J]．飞航导弹，2006 (8)．
[9] 魏毅寅，刘鹏，张冬青，等．国外高超声速技术发展及飞行试验情况分析 [J]．飞航导弹，2010 (5)．
[10] 钟萍，王颖，陈丽艳．国外高超声速技术计划回顾与展望 [J]．航空科学技术，2011 (5)．
[11] 美国海军正在改进陆军 AHW 方案以备 2017 年进行陆基飞行试验 [EB/OL]．http：//www. dst . net/Infor-mation/News/94053，2015．
[12] DARPA 在 2017 财年预算申请中继续高调推动高超声速项目 [EB/OL]．http：//www. dsti. net/Inf ormation / News/98544，2016．
[13] 蔡国飙，徐大军．高超声速飞行器技术 [M]．北京：科学出版社，2012．
[14] 鲁芳．美军高超武器——乘波者 X-51A 的独特方案和技术透析 [J]．国防科技，2010，31 (3)．
[15] 牛文，李文杰．X-51A 三飞两败美国高超声速路向何方 [J]．国防科技工业，2012 (9)．
[16] 宋博，沈娟．美国的 X-51A 高超声速发展计划 [J]．飞航导弹，2009 (5)．
[17] 张海林，周林，高少杰，等．美国 X-51A 飞行器发展分析 [J]．飞航导弹，2014 (9)．
[18] 王友利，才满瑞．美国 X-51A 项目总结与前景分析 [J]．飞航导弹，2014 (3)．
[19] 李国忠，于廷臣，赖正华．美国 X-51A 高超声速飞行器的发展与思考 [J]．

飞航导弹，2014（5）.
[20] 牛文，李文杰. 美国空军圆满完成 X-51A 第四次试飞［J］. 飞航导弹，2013（5）.
[21] 刘鹏，宁国栋，王晓峰，等. 从 SR-72 项目看美国高超声速平台研究现状. 飞航导弹，2013（12）.
[22] 王巍巍. SR-72 及其动力猜想［J］. 燃气涡轮试验与研究，2013（6）.
[23] 姚源，陈萱. SR-72 高超声速飞机概念［J］. 中国航天，2013（12）.
[24] 孟令扬. SR-72 无人机的研制进展［J］. 航空发动机，2013（6）.
[25] 李之. "黑鸟之子" SR-72 高速飞机［J］. 现代物理知识，2014（1）.
[26] 时兆峰，叶蕾，宫朝霞. 俄罗斯高超声速技术发展历程［J］. 飞航导弹，2014（10）.
[27] 吕琳琳. 俄罗斯 Yu-71 高超声速助推滑翔飞行器［J］. 现代军事，2015（11）.
[28] 俄 Yu-71 屡次失败，很有可能将落后中国十年以上［EB/OL］. http://www.51c.cc/news/60645.html，2015.
[29] 尤延铖，安平. 欧洲的高超声速推进项目及其项目管理［J］. 燃气涡轮试验与研究，2013，26（6）.
[30] 蒋琪，马凌. 德国的 SHEFEX 2 高超声速试飞器［J］. 飞航导弹，2009（6）.
[31] 文苏丽，时兆峰. SHEFEX——全新的高超声速技术试验平台［J］. 飞航导弹，2010（9）.
[32] 王璐，王友利. 高超声速飞行器热防护技术研究进展和趋势分析［J］. 宇航材料工艺，2016（1）.
[33] 文科，李旭昌，马岑睿，等. 国外高超声速组合推进技术综述［J］. 航天制造技术，2011，2（1）.
[34] 刘杨，李继勇，赵明. 国外高超声速武器技术路线分析及启示［J］. 战术导弹技术，2015（5）.
[35] 沈娟，李舰. 国外高超声速技术近期研究进展［J］. 飞航导弹，2016（12）.
[36] 张茜. 2015 年全球高超声速吸气式推进技术发展综述［J］. 飞航导弹，2016（10）.
[37] 胡冬冬，叶蕾，李文杰. 对美国空军高超声速导弹武器材料和工艺项目提案征集通告的研究［J］. 战术导弹技术，2016（5）.

国外可重复使用高超声速飞行器动力技术发展态势分析

李文杰　耿　刚　叶　蕾

本文介绍了国外组合循环推进技术的发展动态，分析了英国“佩刀”发动机的工程应用前景、美国2017年新启的涡轮基组合循环（TBCC）发动机项目的新特点。从组合循环推进系统关键组成单元的维度，揭示了大尺寸超燃冲压发动机的发展以及爆震发动机的突破将成为组合循环推进技术发展的重要保障。介绍了澳大利亚正在发展的基于可重复使用火箭和超燃冲压发动机的三级推进方案，并剖析了现有发展态势背后的国家发展战略影响因素。

引　言

随着以超燃冲压发动机为代表的多项高超声速飞行器关键技术成熟度达到5+，高超声速武器开始进入实用化进程。在此背景下，美国等军事强国面向未来可重复使用高超声速飞行器，正加紧布局，积极开展相关技术研发。2016年国外可重复使用高超声速飞行器动力技术领域不乏亮点事件，本文将对其进行系统梳理与分析。

1　国外有重点地发展不同组合循环推进技术

组合循环推进系统是将各种推进单元有机地组合到一起，在功能上相互补充，以达到最佳的发动机性能。目前，组合循环发动机类型主要包括TBCC方案、火箭基组合循环（RBCC），以及以“佩刀”发动机为代表的涡轮+冲压+火箭组合循环发动机。近年在高超声速飞机的应用背景牵引下，TBCC发动机和“佩刀”发动机都得到了快速发展，但是在空天飞行器方面非常有优势的RBCC发动机则表现得相对低调。“佩刀”发动机在高超声速飞机和空天飞行器领域都具有很好的应用前景，发展势头强劲。

1.1　“佩刀”发动机改进方案得到广泛认可，涡轮+冲压+火箭组合循环发动机可望率先实现工程应用

1.1.1　改进热力循环，“佩刀”发动机工程可实现性更好

为探索单级入轨空天飞行器的新型发动机，20世纪80年代末，反应发动机公司在“霍托儿”RB545发动机的基础上提出了“佩刀”发动机（图1）。该发动机实质上是一种涡轮+冲压+火箭组合循环发动机，工作速域宽、空域大，可水平起降，实现单级入轨，也可为高超声速飞机提供动力。由于利用空气中的氧作为氧化剂，因此吸气式模态范围发动机推重比和比冲较高（比火箭发动机的比冲高一个数量级以上）。当在飞行马赫数0~5.1时，涡轮发动机提供主要的动力，冲

压发动机燃烧预冷换热的过量氢气提供辅助动力；当在飞行马赫数5.1~5.5时，进行模态转换；当大于飞行马赫数5.5时，火箭发动机提供全部的动力。该组合发动机的一个关键部件是预冷换热器，主要作用是使涡轮发动机的工作上限从3提升到5.5，保证与火箭发动机的顺利接力。

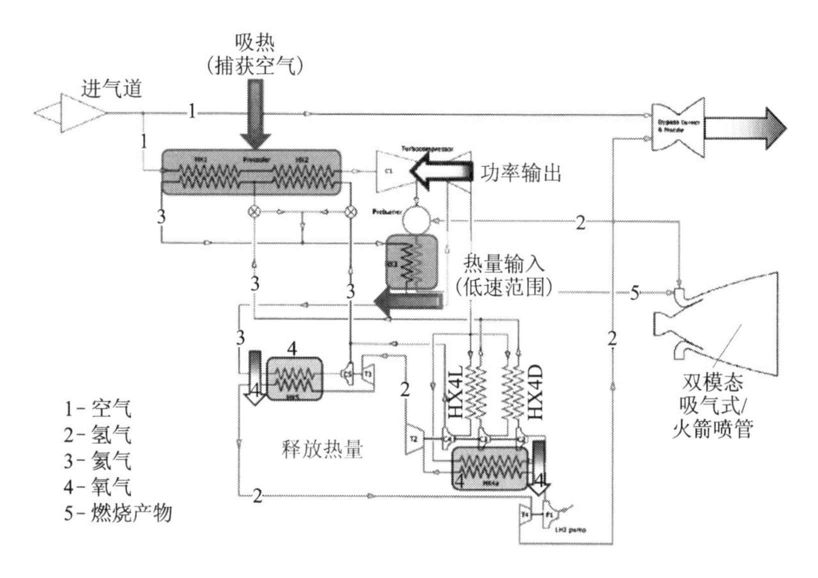

图1 "佩刀"发动机改进方案的吸气模式热力循环

在20多年的研发过程中，反应发动机公司对"佩刀"发动机方案进行了四次调整，通过前三个方案的研发，验证了涡轮+冲压+火箭组合循环形式理论上的可行性。但是以往"佩刀"发动机设计方案存在两大工程实现难题：一是预冷换热器的出口温度要求极低，需增加结霜控制系统，导致冷却系统结构复杂，同时需耗费大量的液氢用于冷却来流，造成燃料当量比过高；二是压气机压比高，导致压力梯度大，对压气机结构强度、刚度以及流路的密封性等方面均提出非常高的要求，工程实现难度大。

为解决上述问题，反应发动机公司2013年开始对"佩刀"发动机吸气模式热力循环进行改进，并在2015年公开了改进方案。新方案中，燃烧室由一个燃烧室解耦为吸气模态和火箭模态两个独立的燃烧室，尾喷管改为双喉道喷管。在约 725 ℃来流状态下，预冷换热器出口温度由 -150 ℃左右提升至 0 ℃以上，省去了预冷器结霜控制系统，来流换热量减小，典型条件下燃料当量比由 2.8 降至 1.2，压气机压比从 150 降至约 30。改进后的“佩刀”发动机比冲性能大幅提升，制造难度大大降低，工程实现可行性大幅提高。仿真分析表明，推重比基本不变（马赫数 5 时推重比约为 7.0）情况下，改进循环后，燃料消耗量降低 40%、最大比冲提高 70%（由 3 200 s 提高到 5 100 s）。

1.1.2 英美接连披露应用概念，“佩刀”发动机可望率先实现工程应用

随着技术成熟度的不断提高，“佩刀”发动机得到了更多的关注，同时也获得了越来越多的经费支持。不仅欧洲对其青睐有加，美国也非常认可。

英国 BAE 系统公司继 2015 年 11 月投资 3 180 万美元购买反应发动机公司 20% 股份后，于 2016 年 7 月发布基于“佩刀”发动机的高超声速快速响应飞机概念（图 2），与“云霄塔”空天飞行器相仿：机身细长，采用鸭式布局，垂直尾翼提供横航向稳定性。飞机由一台发动机提高动力，可在20 km以马赫数 5 巡航飞行，能突破敌方防御系统，快速完成补给、精确侦察和信息支援等作战任务。

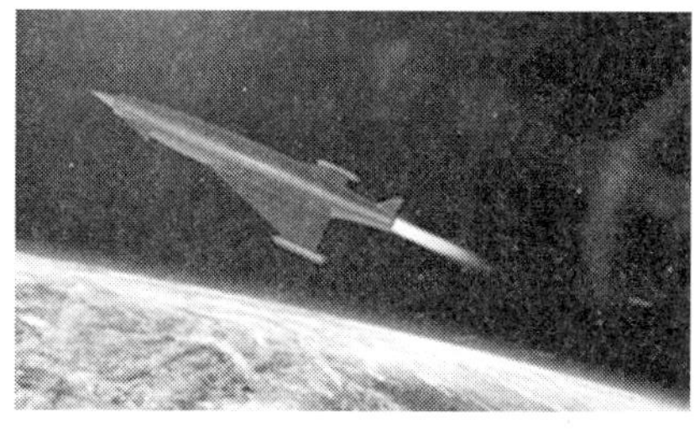

图 2　BAE 高超声速快速响应飞机

美国空军于 2014 年引进并开始研究“佩刀”发动机，美国国家航空航天局（NASA）也对“佩刀”发动机进行了独立评估，均验证了“佩刀”发动机方案的可行性。2016 年 9 月，美国空军研究实验室在 AIAA 大会报告中首次公开两型基于“佩刀”发动机的两级入轨空天飞

行器方案。两型飞行器的第一级都采用两台“佩刀”发动机，工作速度范围为马赫数0～8，之后由火箭发动机或可重复使用火箭发动机提供动力。美国空军研究实验室航空航天系统部的负责人在AIAA报告中称，如果两型方案中“佩刀”发动机均能达到预期性能，那么一种尺寸合理的两级入轨空天飞行器实现部署将指日可待（图3）。

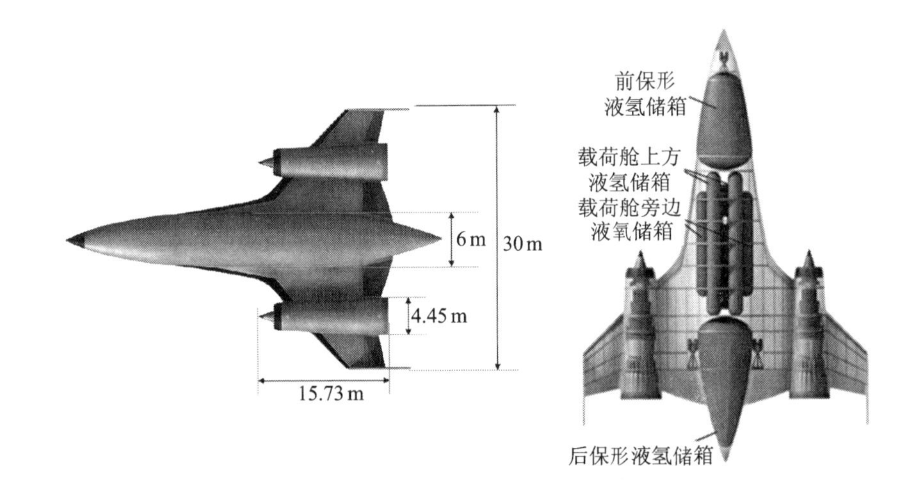

图3　两级入轨空天飞行器方案中采用“佩刀”发动机的第一级

“佩刀”发动机的技术方案调整及美英应用方案的提出，标志着该发动机工程实现的技术路线基本明确。美国空军评估认为，“佩刀”发动机有望先于TBCC发动机，在未来5～15年内实用化。

1.2　历经长期的技术储备，TBCC技术向工程应用迈进

1.2.1　多维度探索研究，不断提高TBCC发动机的技术储备

TBCC发动机是涡轮发动机＋亚燃/超燃冲压发动机组合的推进装置，因利用空气中的氧气作为氧化剂，具有更高的比冲、更低的燃料消耗量，能自主起飞和着陆，且飞行轨迹比较灵活，可作为高超声速情报、监督与侦察（ISR）飞行器的动力系统和空天飞行器的第一级动力系统，被众多国家寄予了极高期望，其中以美国的研究最具代表性。

美国20世纪60年代初就研制出了世界上最早投入使用的，最大

飞行马赫数 3.2 的 J-58 TBCC发动机。近年，美国国防部高级研究计划局（DARPA）、NASA、美国空军都将从优先发展高超声速组合循环推进方案转向 TBCC 发动机。DARPA 从 2005—2011 年对 TBCC 发动机进行了持续探索研究。2005 年启动高速/高超声速可重复使用验证项目，通过高速涡轮发动机验证（HiSTED）和超燃冲压发动机（SED）两个子项目分别发展高马赫数涡轮发动机和超燃冲压发动机技术；同年还启动了“猎鹰”组合循环发动机技术（FaCET）项目，进行了大量 TBCC 发动机进气道、燃烧室和尾喷管等部件级分析和试验，验证了共用进气道和尾喷管的可行性。2009 年启动了模态转换（MoTr）项目，采用可变几何进气道验证了氢燃料 TBCC 发动机在马赫数 3、4 和 6 三种试验条件下可成功点火和稳定燃烧。

在高超声速项目下，NASA 近年开展了一系列研究，包括组合循环发动机大型进气道模态转换实验（CCE-LIMX）、高马赫数风扇台架试验、马赫数 3 高速涡轮发动机研究、一体化流路计算、部件技术计算等。研究了马赫数 4 和马赫数 3 等条件下的模态转换，尤其是转换阀关闭时进气道的性能与操作性，研究了闭环控制系统，验证了控制算法，对高速流路和低速流路进行了计算，并研究了 TBCC 发动机的相关评估技术。此外，NASA 还通过合同授予的方式资助 TBCC 发动机的发展，如 2014 年底分别授予航空喷气-洛克达因公司和洛·马公司一份 TBCC 合同，开展直连式燃烧室试验和使用现货涡轮发动机技术研制 SR-72 概念飞行器用 TBCC 推进系统的可行性研究（图 4）。

面对 TBCC 发动机最棘手的接力问题，空军的做法与 NASA 相仿，即同时探索提高涡轮发动机工作速度上限和降低双模冲压发动机工作速度下限两种途径。2003 年空军研究实验室启动的鲁棒超燃冲压发动机项目目标就是使超燃冲压发动机速度下限降到马赫数 3。而空军近年实施的远程超声速涡轮发动机（STELR）则旨在研发马赫数 3 以上的推进技术，2015 年 10 月 STELR 发动机完成了马赫数 3.2 条件下的地面试验。

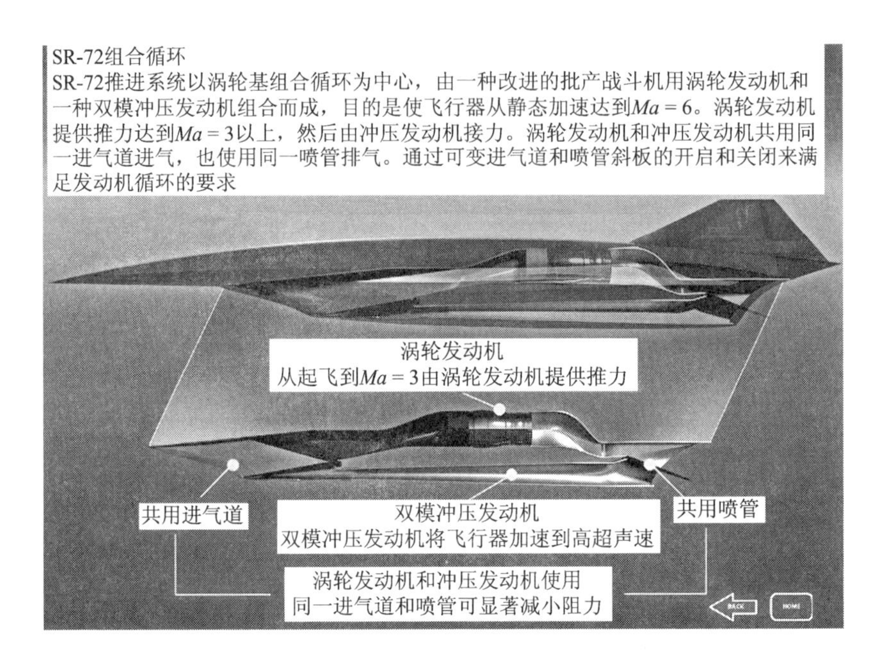

图 4　SR-72 的 TBCC 原理图

此外，美国还非常注重基础科研。2009—2014 年，美国国家高超声速组合循环推进中心探究了临界模态转换及组合循环推进系统中超声速/高超声速流动的基本规律，提高了对高超声速组合循环推进系统中复杂流动基本物理特性的理解，并在此基础上，积累用于 CFD 模型验证的试验数据集，针对高超声速组合循环流动的临界区域建立模型，开发精确预测工具，大大提升了预测的有效性，解决高超声速组合推进系统的共性问题。

1.2.2　新启项目关注全尺寸 TBCC 的全系统解决方案，面向工程应用转化的针对性更高

基于前期的探索研究，2016 年 2 月，DARPA 在预算申请中透露，准备在 2017 年启动名为“先进全速域发动机”（AFRE）项目（图 5），并在 8 月发布了广泛机构通告。该项目旨在利用现货涡轮发动机完成全尺寸TBCC发动机模态转换的地面集成验证，研究确立高超声速 ISR 飞行器用 TBCC 发动机推进系统工程化的可行性。

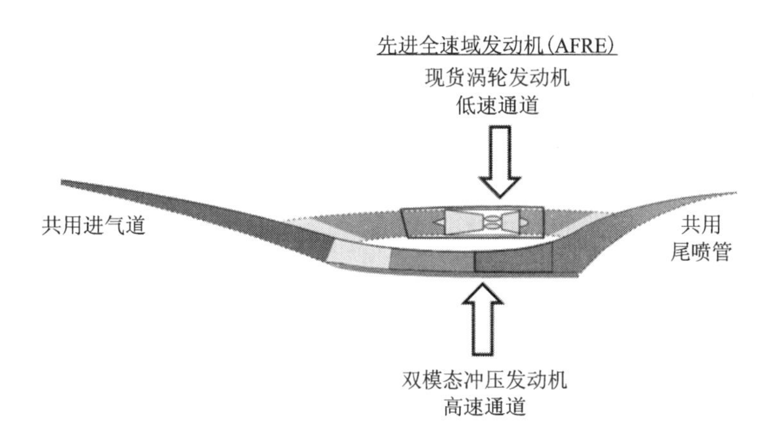

图 5　AFRE 结构示意图

DARPA 明确提出将采取现货涡轮发动机 + 宽速域双模冲压发动机方案（其中现货涡轮发动机将采用射流预冷技术进一步扩展工作包线），并指出这一技术途径在短期内具有更好的技术可行性和经济可承受性。与前期 FaCET、MoTr（围绕缩比 TBCC 发动机开展研究）等工作相比，AFRE 项目更加关注全尺寸TBCC发动机的全系统解决方案，并将同步开展高超声速飞行器概念研究以及基线飞行器设计，以确保 AFRE 地面演示验证系统与未来高超声速 ISR 飞行器设计具有更好的匹配性，更强调应用集成，实用性更强，面向工程应用转化的针对性更强。

而 AFRE 项目文件中指出，美国希望 2020 财年前后完成全尺寸TBCC发动机模态转换的地面试验，将其技术成熟度提高到 5，并强调将发展后续的高超声速飞机。由此可见，美国在一步步扎实推进 TBCC 技术的发展，因此有理由推测，美国有望实现高超声速路线图的规划——2030 年有限可重复使用高超声速 ISR 飞行器技术准备就绪（图 6）。

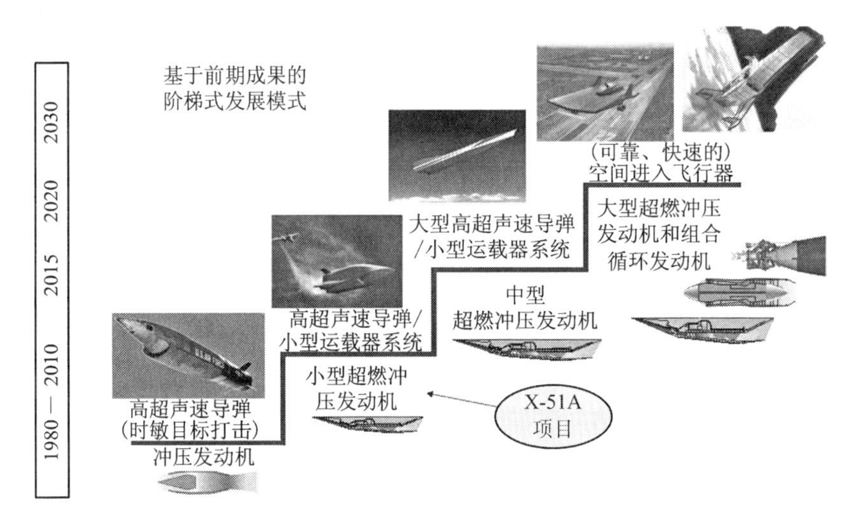

图 6　美国超燃冲压发动机的阶梯式发展步骤

1.3　关键组成发动机技术不断成熟，保障组合推进技术的发展

1.3.1　大尺寸超燃冲压发动机得到发展，满足组合循环推进系统需求

早在 2011 年，空军研究实验室开始对 10 倍于 X-51A 发动机尺寸的超燃冲压发动机的性能、操作性以及热管理进行研究，并计划在 2017—2018 财年使该尺度超燃冲压发动机的技术成熟度提高到 4 ~ 5。几乎与 MSCC 同时，NASA 兰利研究中心的高超声速吸气式推进分部（HAPB）也在开展中等尺寸超燃冲压发动机的研究，利用 NASA 2.44 m高温风洞（HTT）评估分析了 6 倍于 X-43 捕获面积的进气道设计，对设计马赫数 4 ~ 5 和非设计马赫数 3 条件下的超燃冲压发动机进气道性能进行了评估。从 6 倍于 X-43 的进气道，到 10 倍于X-51A的超燃冲压发动机，可以清晰地看到，美国在不断提升关键技术的成熟度。打击武器量级的超燃冲压发动机技术成为高超声速飞机和空间快速进入飞行器动力技术的关键基础。

此外，印度也在努力发展可重复使用高超声速飞行器的动力技术。2016 年 8 月 28 日，IRSO 完成了首次超燃冲压发动机带飞点火试验，试验中两台氢燃料超燃冲压发动机成功点火并且获得了正推力，持续工作时间达 5 s。试验的成功标志着印度在可重复使用运载技术领域迈进了重要一步。

1.3.2 爆震发动机技术可行性得到证实，或将给航空航天动力带来划时代的变革

爆震发动机是基于爆震燃烧的新概念发动机。爆震燃烧是一种等容燃烧，爆震波以 5～10 倍声速向未燃反应物传播，能产生极高的峰值压力（15～30 倍于传统发动机），使燃料化学能在短时间内高效转化为热能，并膨胀做功，因此爆震发动机具有热循环效率高、比冲高、耗油率低等优势。基于爆震燃烧模式的发动机主要包括脉冲爆震发动机、连续旋转爆震发动机、斜爆震冲压发动机。

继 2008 年 1 月，美国空军技术研究中心多管脉冲爆震发动机飞行演示验证以来，国外爆震发动机研究取得了日新月异的进展，阶段性研究成果不断涌现。2008 年 DARPA 启动了“火神”（Vulcan）计划，旨在将爆震与涡轮喷气发动机集成，实现飞行器从静止状态加速到马赫数 4 以上。2013 年普·惠公司称其已经完成了“火神”项目第二阶段的研究工作，发动机性能大大超出 DARPA 的预期。

俄罗斯开展爆震发动机技术研究已超过 50 年。2014 年，俄罗斯先期研究基金会启动了名为 ИφРИТ 的煤油-液氧连续旋转爆震发动机样机研究项目，旨在优化爆震燃烧组织技术，并研究能耐受高温高压燃气的无冷却壁燃烧室结构，提高连续旋转爆震发动机的推力和经济性。2016 年 7—9 月，俄罗斯先期研究基金会对连续旋转爆震发动机成功进行了 33 次试验，在燃烧室无冷却壁的前提下，利用自适应技术实现了连续爆震燃烧，频率达上千赫兹，证实了连续旋转爆震技术基本原理的可行性。

爆震发动机可单独作为动力，也可与涡轮机或冲压发动机组合使用，当用于冲压发动机时，因爆震发动机对来流的宽适应性以及面燃烧带来的快释热性，发动机工作范围更宽，稳定性更好；当用于涡喷发动机时，在较低的增压比下可产生更大的有效功，可减小压气机的

级数，发动机结构更紧凑，推重比更高。这一新型动力技术一旦实现突破，将突破现有基于等压燃烧的传统发动机的性能极限，大大推动新一代导弹和可重复使用高超声速飞行器的发展，给航空航天动力带来划时代的变革。

2 澳大利亚提出基于可重复使用火箭和超燃冲压发动机的创新三级推进方案

针对长期以来低成本快速空间进入的能力需求，近年来国外采取了两种不同的技术策略：基于可重复使用火箭的近期空间进入方案和基于吸气组合循环动力技术的远期解决方案。2016 年 11 月 17 日，BBC 网站披露，澳大利亚昆士兰大学正在研究一种不同于上述两者的技术方案——三级入轨运载器，目标是实现将500 kg卫星送入轨道的低成本能力。

2.1 创新的三级入轨运载器方案

该三级入轨运载器名为 Spartan（图 7），由可重复使用火箭助推器、可重复使用超燃冲压发动机和传统的小型火箭发动机相继提供动力。该运载器可像传统的火箭一样起飞，第一级助推火箭发动机将其加速到马赫数 5 以上后分离。第二级展开机翼，由超燃冲压发动机接力工作，将飞行速度提高到马赫数 10，并飞越 2/3 的航程，将运载器送入外大气层。之后第二级分离，第三级工作。第一级和第二级在工作结束后都会返回基地。

2.2 Spartan 系统提供了一种降本易行地进入空间的思路

三级入轨技术方案可以说是对可重复使用火箭方案的发展，对吸气组合循环动力技术方案的简化。首先，Spartan 系统力争最大化实现可重复使用。项目负责人称该系统的 95% 都是可重复使用的，而且在 2/3 的航程内，超燃冲压发动机可以有效利用空气的氧气，因此与美国 DARPA 正在推进的 XS-1 基于可重复使用一级运载器 + 上面级太空飞

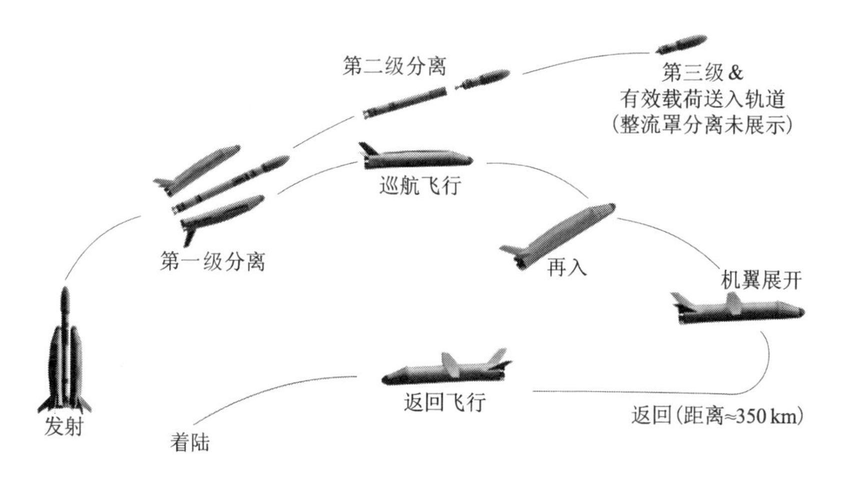

图 7　Spartan 运载器的飞行任务剖面

机方案相比，Spartan 的三级入轨方案更具经济优势，可以降低将卫星送入轨道的成本。

同时，与 RBCC 发动机、TBCC发动机或英国的“佩刀”发动机相比，三级入轨方式省去了组合循环推进带来的技术挑战，简化了模态转换、喉道调节、燃烧组织等难题。这些技术难题目前仍是制约组合循环推进技术发展的关键。尽管美国在 RBCC、TBCC领域已进行了半个多世纪的探索，2017 年将启动的 AFRE 项目主要目标还是对 TBCC 推进系统从涡轮到双模冲压发动机的模态转换进行验证。

应该说，Spartan 的三级入轨方案是目前在技术风险和发射成本间较为现实的折中选择，在规避组合循环技术挑战的同时，尽量利用相对简单的可重复使用动力技术，通过接力工作的方式降低入轨成本，为我们提供了一种非常值得借鉴的低成本入轨思路。但是，由于各级动力装置分别独立工作，无法优势互补，因此该三级入轨方案也存在着一定的技术局限性。

3　结束语

技术的发展总是离不开国家发展战略所提供的巨大推动力。各国会根据自己的发展战略和目标，选择适宜的技术发展路线，并给予支持。美国在2001年发布国家航空航天计划（NAI）后，明确了高超声速导弹—高超声速飞机—空天飞行器发展战略，动力技术的发展路线也因此基本形成。继超燃冲压发动机技术、高超声速飞机动力技术得到重视，TBCC研发项目更迭有序，工程化特征不断显现，其他组合方式也在探索之中，如2011年航空喷气发动机公司披露的Trijet发动机，就是通过涡轮发动机、火箭增强引射冲压发动机及双模态冲压发动机的有机整合实现从静止到马赫数7+的无缝衔接。但是在空天飞行方面非常有优势的RBCC发动机则更多的转向软性研究（如仿真、优化等），而无重要试验研究成果。日本近年提出了空天运输远期展望的发展目标，因此其RBCC工作稳步推进，正开展典型模态的性能试验或模态转换试验。欧洲长期将空天飞行作为重点发展目标，催生了“佩刀”这样的单级入轨动力技术，也引来了美国的高度关注。

无论是2016年表现抢眼的“佩刀”发动机，还是TBCC、RBCC或基于可重复使用火箭和超燃冲压发动机的三级入轨形式，每种动力形式都有自己的技术优势和适用的速度域与空域，需综合考量战略需求、技术特点以及技术储备等多种因素，科学合理地发展可重复使用高超声速飞行动力技术。

参考文献

[1] Barry M H. Two stage to orbit conceptual vehicle designs using the SABRE engine [C] // AIAA SPACE 2016, 2016.

[2] Department of Defense Fiscal Year (FY) 2017 president's budget submission [R]. 2016-02.

[3] Australia developing low cost hypersonic second stage for small satellite launches [EB/OL]. http://www.nextbigfuture.com, 2016-11-17.

[4] Richard H. Australia's hypersonic plane for a new space race [EB/OL]. http://www.bbc.com, 2016-11-17.

[5] 汤华. 高马赫数涡轮发动机技术研究 [J]. 战术导弹技术, 2016 (3).

[6] 马林静, 阎超. 发动机工作对高超声速飞行器动态特性的影响 [J]. 战术导弹技术, 2015 (4).

[7] 胡冬冬，叶蕾，李文杰．对美国空军高超声速导弹武器材料和工艺征集通告的研究 [J]．战术导弹技术，2016 (5)．
[8] 周伟，李梅．2015 年世界巡航导弹发展综述 [J]．飞航导弹，2016 (7)．
[9] 沈娟，李舰．国外高超声速技术近期研究进展 [J]．飞航导弹，2016 (12)．
[10] 胡冬冬，李文杰，叶蕾．美国防高级研究计划局先进全速域发动机项目概况及分析 [J]．飞航导弹，2016 (12)．
[11] 刘晓明，叶蕾，李文杰．2015 年高超声速技术发展综述 [J]．飞航导弹，2016 (7)．
[12] 张茜．2015 年全球高超声速吸气式推进技术发展综述 [J]．飞航导弹，2016 (10)．

高超声速飞行器进气道技术研究进展

王　渊　田　巨　邓君香　王　舰

高超声速进气道是超燃冲压发动机的核心部件之一。本文针对几种典型的高超声速进气道设计特点、关键技术等方面进行了详细的分析和比较，重点阐述了三维内收缩进气道、高超声速曲面压缩等新技术的研究进展，并分析了高超声速进气道技术未来的研究趋势。

引　言

回顾飞行器发展的历史过程，人类一直在追求以更快的速度飞行，而速度的提高也带来巨大的实际价值，因此，高超声速领域是未来的高科技领域之一，具有巨大的军事和社会经济价值。如民航高超声速客机可以在洲际旅行时极大地缩短飞行时间，十分便捷。由于高超声速飞行武器或飞行器具有更高作战效率以及生存能力强等特点，因此，在军事上运用较多的有高超声速巡航导弹、高超声速无人机、高超声速飞行器。目前，世界军事强国均在该领域投入了较多的人力物力，通过大力发展该领域来提升综合国力。就高超声速飞行器而言，一般采用吸气式发动机作为其主要的动力装置，即超燃冲压发动机，如图1所示。因为在高马赫数（>5）情况下，该类型发动机结构较为简单、质量轻、压缩效率相对较高，因此，其已成为当前高超领域关键技术的研究热点之一。世界上主要军事大国对该类型发动机已开展大量深入的研究。

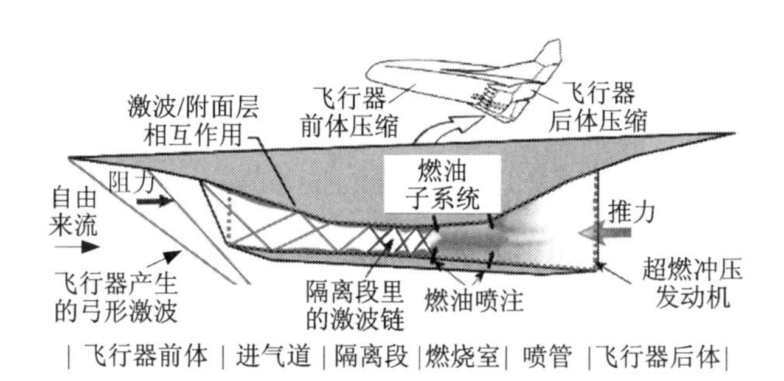

图1　超燃冲压发动机结构示意简图

高超声速进气道作为超燃冲压发动机的核心部件之一，其主要作用是对自由来流进行减速增压，提供稳定的气流供给燃烧室燃烧，进气道总体性能的优劣及出口流场直接影响着超燃发动机的性能。因此，对目前高超声速飞行器进气道技术研究进展进行分析是非常有必要的。

目前，传统的高超声速进气道的构型主要包括了轴对称进气道、二元进气道和侧压式进气道三种典型构型。研究人员对这三类进气道开展了大量的理论与试验研究，其设计方法已比较成熟。

1 轴对称进气道

早期的研究发现，轴对称进气道的压缩方式为周向部分区域存在等熵压缩过程，并且具有迎风面积较大的特点。由于该类型进气道压缩效率相对较高，国外研究者率先对其开展了较为丰富的理论与试验研究。如20世纪中后期美国的“高超声速研究发动机”（HRE）计划中就对轴对称进气道开展了大量地面试验。俄罗斯在“冷计划”中也开展过相应的飞行试验（图2），并且其中部分的飞行试验和美国国家航空航天局（NASA）合作，飞行试验成功运行了77 s，首次实现超燃冲压发动机双模态的工作，即发动机在试验中由亚燃模态顺利转换到超燃模态工作，获得了大量的宝贵试验数据。

图2 “冷计划”中的超燃冲压发动机

正是由于在压缩效率方面，该型进气道有着较为明显的优势，早期研究人员在设计时会优先考虑该种方案。不过该类型进气道的主要缺点是不利于机身一体化设计，因此，高超声速飞行器的设计方案中很少考虑，后期主要应用于巡航导弹，如美国海军的HyFly计划中，其发动机的设计就采用了轴对称的双模块化进气道构型，能够同时实现亚燃和超燃工作状态，如图3所示。

图 3　HyFly 计划中的超燃冲压发动机模型

尽管轴对称进气道湿面积较大，但如果收缩比较大，附面层会逐渐增厚，以致于在其环形出口截面挤压主流区，使得黏性影响较大，导致压缩效率明显下降。

2　二元进气道

二元进气道主要是组织波系对气流进行压缩，具有几何外形结构较为简单、流场容易分析等特点，受到了研究人员的重视。该类型进气道设计方法已经比较成熟，主要包括外形的重新设计优化以及流动机理的研究。另外，目前高超飞行器设计主要采取前体/进气道一体化的设计，二元进气道在这方面有着得天独厚的优势，一直以来都是各国研究者的关注重点。

由于二元进气道在马赫数较低时，总体的性能参数下降较为明显，目前研究人员采用了几何可变的二元进气道设计方案来解决这个问题，这样能实现宽马赫数工作范围，大大提升了该类型进气道的性能参数。几何可变方案在工程上应用较为成功的是在美国 X-43 飞行器上，在马赫数较低时，通过转动唇口板使其整体和飞行器的机身相互贴合，发动机的进气道处于关闭状态，当飞行速度加速到试验所需的马赫数时，转动唇口板使进气道能够正常启动工作，从而使得超燃发动机顺利进入工作状态。法国的 JAPHAR 计划所采用的几何可变方案与其不同，主要是通过唇口板绕轴旋转来实现内收缩比的变化，进而达到进气道能在接力点顺利启动，保证飞行器顺利工作。美国的 X-51 飞行试验器如图 4 所示，该飞行器的进气道设计考虑了攻角的变化来提高进口流量的捕获率，在飞行试验中成功飞行了 145 s，实现跨越性的技术突破。

图 4　美国 X-51 飞行试验器

但二元进气道只使用顶板对气流进行压缩，因此对气流的压缩较弱。而压缩量较大时，压缩面的总偏转角往往偏大，导致压差阻力较大，起动性能变差。

3　侧压式进气道

侧压式进气道的设计概念源于美国科学研究人员，其主要核心设计理念是采用有压缩角的侧板对来流进行压缩。与二元进气道相比，侧压式进气道由于对气流存在横向压缩，并且顶板部分由于唇口激波强度弱，其压缩效率相对较高，流通能力较强。另外，侧压式进气道能够实现自动溢流、便于模块化设计而引起研究人员的关注，以原来简单的侧向压缩为原型发展了侧板前掠、侧板混合掠、带顶板压缩等多种类型的进气道（图 5）。

日本高超技术研究中心对侧压式进气道进行了发展和改进，通过

图 5　带顶板压缩的侧压进气道构型

整机试验的方式分析了发动机的推力和阻力。研究发现，使用顶板和两个侧板同时对气流进行压缩，其中顶板起到预压缩的作用，与传统双侧板的进气道相比，其效率和推力均有较为明显的增长。

不过侧压式进气道的缺点也比较明显，主要是其内部存在严重的激波之间相互作用，激波与附面层相互干扰等复杂的流动现象，溢流阻力较大，并且在工作范围内流量系数不高，直接影响到发动机的性能。

4　新型高超声速内收缩进气道

对高超声速气流而言，目前采用的压缩方式主要是压缩系压缩和激波压缩。以上介绍的几类高超声速进气道，除了轴对称进气道存在部分等熵压缩以外，其他主要压缩方式都是激波压缩。采用激波压缩为主要压缩方式，将带来一个比较严重的问题，即压缩效率较低。因此，为了提高压缩效率，一个比较有效的方式是等熵压缩，在传统的进气道研究基础上，一种新型的高超声速进气道研究工作应运而生，即高超声速内收缩进气道。

4.1　直接流线追踪的内收缩进气道

Busemann 进气道是一种典型的利用直接流线追踪技术设计的三维内收缩进气道，其主要设计理念利用了德国科学家 Busemann 提出的内锥型流场概念（图6），设计思路为利用等熵压缩和结尾锥形激波组成流场，气流经过压缩并且通过锥形激波后，较为均匀并且与来流方向一致。但由于采用等熵压缩技术会使得压缩面较长，进而使得附面层沿程增长，最终造成黏性损失增加，导致内收缩式进气道在较低的马赫数下存在起动问题。为了解决该类问题，Moller等人重新设计了无黏基准Busemann流场，并进行了黏性修正以及风洞试验，该方法使得进气道压缩面的压力分布较为吻合。

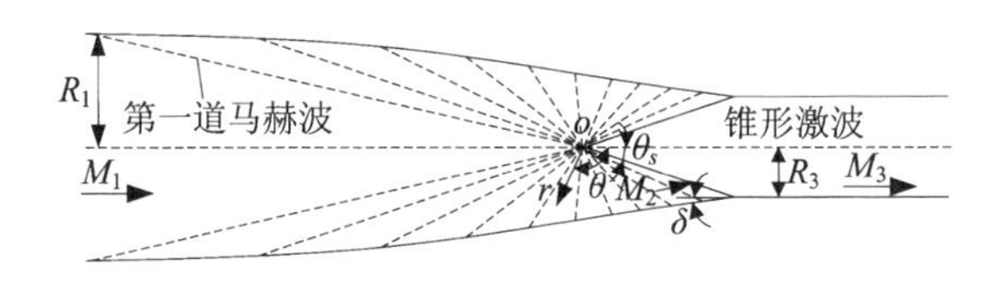

图6　基准Busemann流场简图

在之前的基准流场基础上，Billig等人利用流线追踪技术重新设计出了三模块和四模块化扇形Busemann进气道，并且成功运用到SCRAM高超声速导弹的设计方案里，通过试验研究发现该型进气道的性能参数较高，并且在马赫数4时能够自起动。Tam等人使用圆形进口的流线追踪重新对Busemann进气道进行设计，并对其开展了数值仿真研究，发现基于截短后的进气道长度缩短了33%，但其效率并未下降，同时还具有良好的流量捕获能力和攻角特性。澳大利亚和美国联合研制的HYCAUSE计划中，其发动机也是采用流线追踪技术设计了三维内收缩进气道（图7）。国内南京航空航天大学孙波、张堃元等人设计了矩形进口的Busemann进气道，并开展了参数化数值研究，同时在马赫数3.85情况下开展了风洞试验。试验结果表明，进气道能在该种情况下自起动。Vinogradov等人直接对Busemann进气道进行切除，这样便于溢流，通过风洞试验发现在马赫数3时就能够起动，流量系数为0.54，总压恢复系数为0.7。另外，Travis等人针对该类型进气道型面较长问题，研究了截短对其性能的影响，并且在此基础上研究了前缘钝化对进气道总体性能和压缩效率的影响，发现该类型进气道采用相对锐化前缘，钝化半径为1 mm时的性能最优。

图 7　HYCAUSE 计划采用的内收缩进气道

4.2　几何截面渐变的内收缩进气道

由于高超声速飞行器一体化设计已经成为未来发展趋势，所以飞行器的前体/进气道必须能够实现模块化设计。另外，矩形的进气道结构简单，比较适合模块化设计，而燃烧室采用圆形设计则浸润面积大、利于热防护以及减小阻力。因此，进出口截面形状可控、几何截面渐变的高超声速内收缩进气道成为一个新的研究热点。

美国兰利研究中心曾提出一种类矩形进口转椭圆出口的内收缩进气道设计思想，将流线追踪的进气道型面使用截面渐变函数进行光滑处理，实现矩形转椭圆进气道无黏型面的设计，然后采用湍流边界层对无黏型面进行附面层修正，即可得到矩形到椭圆形过渡（REST）进气道。REST 进气道成功克服了直接流线追踪进气道的缺点，实现了进出口截面的几何渐变，该设计方法还能控制唇口封闭处截面。研究结果显示该进气道压缩效率得到了较大的提高，与常规二元进气道相比，其总体性能更优异，如图 8 所示。研究人员对矩形转圆进气道的抗反压特性、起动特性等不同方面的性能都开展了大量研究，得到了不同条件下进气道内部流动特性，并通过风洞试验发现：设计为马赫数 5.7 的 REST 进气道在马赫数 4.0 时必须通过进气道唇口放气才能实现自起动。Gollan 等还对这种比较典型的设计方法进行了综合，通过设定进气道几何参数，设计了非常规进口转椭圆出口的进气道，成功实现了与锥形前体的一体化设计。美国马里兰大学研究者采用了数值优化的程序进行了矩形转圆的内压段设计。其设计原理主要是借鉴了反设计思想：先给定燃烧室进口气流均匀的流场，优化程序自动进行筛选，不断逼近这个均匀度的几何体反向设计。该设计并不是简单的矩形转圆几何上的截面渐变方案，而是一种能够实现相互消波的复杂内通道，在几何过渡的基础上成功实现了均匀出口流场。国内尤延铖等基于非对称内收缩基准流场，利用吻切轴对称理论完成了不同于 REST 的几何变截面内乘波进气道设计方法，并开展了某方转椭圆内乘波式进气道（带前体）高焓风洞试验，研究结果表明：该类型进气道设计点时流量系数达到了 0.98 以上，流量捕获能力较强，进气道最高能承受 51.4 倍的反压。

图 8　REST 进气道风洞试验模型

美国“本土投送和应用军力”计划中高超声速飞行器的进气道（FALCON）也是采用了一种变截面的内收缩进气道设计，其进气道进口截面是一种复杂进口截面（图 9），但其设计原理以及方法一直严格保密，尚未能从公开文献获得相应的详细技术资料。

图 9　FALCON 计划中高超声速飞行器的概念图

5　高超声速进气道曲面压缩技术

由于高超声速飞行器设计技术迅速发展，使得传统的进气道设计技术日益成熟，但也带来若干仅使用传统设计方法无法完全解决的新问题，例如，在有限的空间与结构限制下，如何将进气道与飞行器前体、燃烧室等一体化设计，如何有效地缩短进气压缩面，进气系统减阻等方面的问题。

为解决上述问题，近年来张堃元等提出一种全新的进气道设计方法：高超声速曲面压缩技术。其设计理念是：利用一小段前缘斜楔与设定好的内凹弯曲压缩面共同对高超声速流进行压缩，内凹曲面产生的等熵压缩波与前缘激波相交，两者相互作用影响下，前缘激波逐渐增强并且弯曲，形成了特殊的弯曲激波压缩系统（图 10）。这种设计方法突破传统的设计理念，能够较好地解决上述问题，成功利用了每一段压缩面对高速气流进行压缩。目前，曲面压缩技术的设计方法主要有两大类：第一类是正向设计，即沿流向让等熵压缩波一一相交形成弯曲激波流场，主要采用了壁面型线方程设计方法，如二次函数形式、指定压缩角变化规律等几何设计方法；第二类是反向设计，通过给定出口参数、壁面参数（压力、马赫数）等关键设计指标来反向设计二元流场。另外，还有通过坐标变形将常规等熵压缩面变换为弯曲压缩面等设计方法。研究结果发现，曲面压缩中激波压缩和等熵压缩可以进行比例控制，大大提高了曲面压缩过程中参数变化的灵活性，可以根据设计需要进行调整波系的配置，使得进气道具有良好综合气动性能。

高超声速曲面压缩技术作为一种全新的进气道设计方法，它通过合理、高效率地组织波系对气流进行压缩，与其他常规设计方法相比有着无可比拟的优势，但在三维曲面反设计、带黏性反设计等方面仍有待于深入探索和研究。

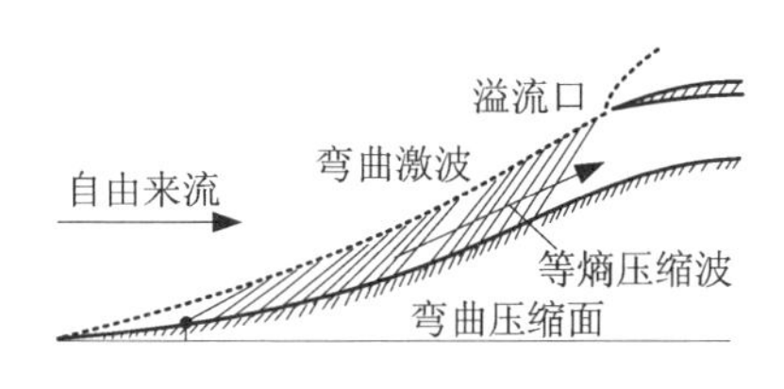

图 10　弯曲压缩系统原理简图

6　结束语

高超声速飞行器技术是各国目前重点研究的领域，是提高未来军事力量的关键手段之一。本文结合国外的研究对高超声速飞行器进气道开展了分析，对几种不同传统类型进气道的发展历程、设计特点、性能优劣与关键技术等方面进行了详细分析比较，并着重阐述了三维内收缩进气道、高超声速曲面压缩技术等新技术的设计原理以及研究进展。未来高超声速飞行器进气道技术将在基础流场设计、进气道与前体一体化设计等方面有较大发展，应对该领域持续关注，为高超飞行器的研制做好技术储备。

参考文献

[1] Curran E T, Murthy S N B. Scramjet propulsion [M]. American Institute of Aeronautics and Astronautics Inc, 2001.

[2] 叶中元. 对美国高超声速推进系统研制动态的分析 [J]. 飞航导弹, 1999 (4).

[3] Curran E T, Leingang J L, Donaldson W A. A review of high speed airbreathing propulsion systems [C]. Presented at the Eighth International Symposium on Air Breathing Engines, Cincinnati, 1987.

[4] Voland R T, Auslende A H, Smart M K. CIAM/NASA Mach 6.5 scramjet flight and ground test [R]. AIAA-99-4848.

[5] 刘兴洲. 中国超燃冲压发动机研究回顾 [J]. 推进技术, 2008, 29 (4).

[6] 张晓嘉, 梁德旺, 李博, 等. 典型二元高超声速进气道设计方法研究 [J]. 航空动力学报, 2007, 22 (8).

[7] 贺元元, 乐嘉陵, 倪鸿礼. 吸气式高超声速机体推进一体化飞行器数值和试验研究 [J]. 实验流体力学, 2007, 21 (2).

[8] Kojima T, Tanatsugu N, Sato T, et al. Development study on axisymmetric air inlet for atrex enging [R]. AIAA 2001-1895, 2001.

[9] Weir L J, Sanders B W. A new design concept for supersonic axisymmetric inlets [R]. AIAA 2002-3775, 2002.

[10] 谢旅荣, 郭荣伟. 定几何混压式轴对称超声速进气道气动特性数值仿真和实验验证 [J]. 航空学报, 2007, 28 (1).

[11] 徐旭, 蔡国飙. 超燃冲压发动机二维进气道优化设计方法研究 [J]. 推进技术, 2001, 22 (6).

[12] 张堃元, Meier G E A. 二元进气道非均匀超音来流试验研究 [J]. 推进技术, 1993 (1).

[13] Boudreau A. Status of the U. S. air force Hy Tech program [R]. AIAA 2003-6947, 2003.

[14] Norris R B. Free jet test of the AFRL HySET scramjet engine model at Mach 6.5 and 4.5 [R]. AIAA 2001-3196, 2001.

[15] 贾地, 范晓樯, 冯定华, 等. 高超声速侧压式进气道溢流特性研究 [J]. 航空动力学报, 2007, 22 (1).

[16] 王翼, 范晓樯, 梁剑寒, 等. 三维侧压高超声速进气道不启动流场试验与数值模拟研究 [J]. 宇航学报, 2008, 29 (6).

[17] 骆晓臣, 张堃元. 侧压式进气道内部阻力分析 [J]. 推进技术, 2007, 28 (2).

[18] Van W D, Molder S. Applications of busemann inlets design for flight at hypersonic speeds [R]. AIAA 1992-1210, 1992.

[19] Travis W. Drayna I N, Graham V C. Hypersonic inward turning inlets: sesign and optimization [R]. AIAA 2006-297, 2006.

[20] 孙波，张堃元. Busemann 进气道风洞实验及数值研究 [J]. 推进技术，2006，27 (1).

[21] Tam C J, Baurle R A. Inviscid CFD analysis of streamline traced hypersonic inlets at off-design conditions [R]. AIAA 2001-0675, 2001.

[22] 王渊，张堃元，张林，等. 非对称超声速来流下矩形转圆隔离段研究 [J]. 推进技术，2014，35 (11).

[23] 王渊，张堃元. 非对称来流下矩形转圆隔离段数值研究 [J]. 推进技术，2016，37 (12).

[24] Smart M K. Design of three-dimensional hypersonic inlets with rectangular to elliptical shape transition [J]. AIAA Journal of Power and Propulsion, 1999, 15 (3).

[25] Rowan J Gollan, Paul G Ferlemann. Investigation of REST-class hypersonic inlet designs [R]. AIAA 2011-2254, 2011.

[26] 丁伟涛，肖翀，黄玉平. 直接力与推力矢量复合控制技术研究 [J]. 导航定位与授时，2017，4 (5).

[27] 尤延铖，梁德旺. 基于内乘波概念的三维变截面高超声速进气道 [J]. 中国科学 (E 辑)，2009，39 (8).

[28] 张堃元. 基于弯曲激波压缩系统的高超进气道反设计研究进展 [J]. 航空学报，2015，36 (1).

[29] 张堃元. 高超声速进气道曲面压缩技术综述 [J]. 推进技术，2018，39 (10).

国外高超声速飞行器气动布局发展分析

董　超　甄华萍　李长春　刘　赛

本文介绍了国外高超声速飞行器的发展历程。从气动布局角度对高超声速飞行器进行分类，重点对典型高超声速飞行器的气动布局特点及关键技术进行分析，得出对高超声速飞行器技术发展的启示。

引 言

半个多世纪以来，军事领域专家一直把具有更快打击速度和更广毁伤范围的武器当作改变战争形态的一种有效手段，这也是高超声速飞行器成为研究热点、吸引人们不断探索研究的原因[1,2]。高超声速再入技术涉及总体、气动、制导与控制、结构、环境、热防护、推进、测量、材料、先进制造等众多学科，对科技、基础工业及国民经济的发展具有极大的带动作用。世界各军事强国每年投入大量资金用于高超声速技术研究[3-15]，已开展的研究项目达40余项，最具知名度和影响力的莫过于美国的X-Plane系列高超声速飞行器[16]、俄罗斯的“冷”[17]、英国的“云霄塔”[18]等。目前的研究工作主要集中在美国、欧洲（英国、法国、德国）、澳大利亚、俄罗斯和印度等国，共18个项目。美国和欧洲在“全球常规快速打击”（CPGS）、“猎鹰”、高超声速吸气式导弹（HyFly）等众多项目及计划支撑下，近年来发展出先进高超声速武器（AHW）、第二代“猎鹰”高超声速飞行器（HTV-2）、“乘波者”高超声速飞行器（X-51A）、X-37B空天战斗机、SHEFEX-2锐边飞行器等先进高超声速飞行器，在总体设计技术、气动力/热技术、高温长时间热防护技术、高精度制导与控制技术、发动机技术等关键技术方面均取得了突破性进展。

本文从气动布局角度对国外高超声速飞行器进行分类，对典型高超声速飞行器气动布局特点及关键技术突破情况进行分析，并对发展高超声速飞行器技术提出几点启示。

1 高超声速飞行器气动布局分类

从气动布局角度可将高超声速飞行器分为以下几类：球锥布局、空气舵类布局、大钝头钟形体布局、升力体布局和乘波体布局，如图1所示。

1.1 球锥布局

球锥布局主要包括惯性再入体和机动再入体两类，其特点是表面

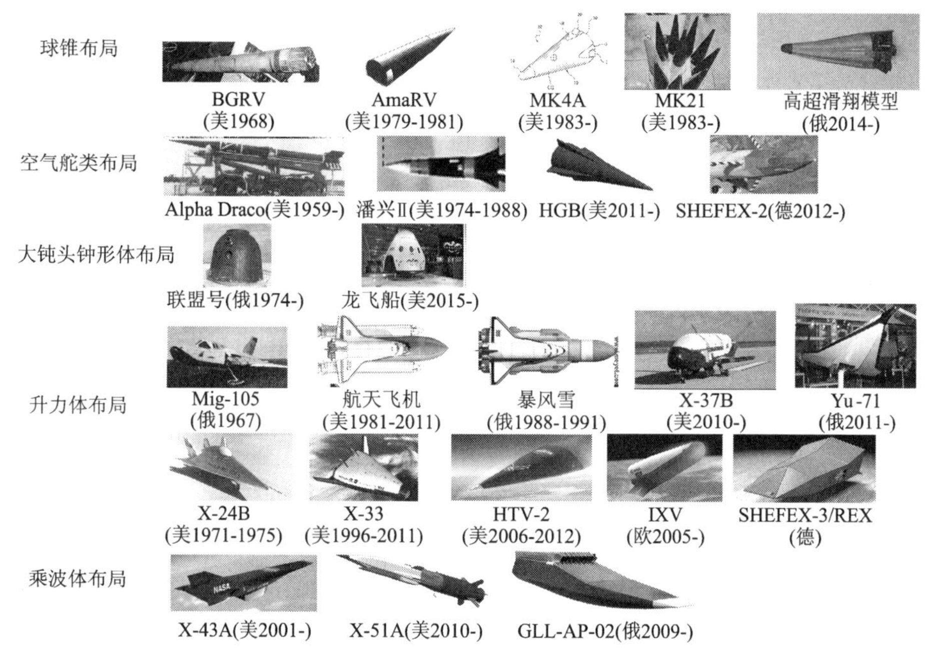

图 1　高超声速飞行器气动布局分类

没有明显的突起物、阻力较小、飞行速度高、具有适应严酷力/热环境的能力，主要作为远程弹道导弹再入段载具。美国发展了 MK21 等惯性再入体，采用体襟翼式小舵机动再入的助推滑翔再入试验飞行器（BGRV）、MK4A、改进型机动再入飞行器（AmaRV）等机动再入体，以及采用调节质心机动再入的 MK500。俄罗斯在役弹道导弹广泛采用球锥惯性再入体，在苏联时期开展了较多的再入机动技术研究，2014 年，俄马卡耶夫设计局公布了采用弯头锥 + 体襟翼的高超声速滑翔飞行器模型。

1.2　空气舵类布局

大气层内机动飞行器多数采用轴对称体加四片空气舵的布局方式，其特点是具有较高的配平效率和机动能力，提高了打击精度。较著名的包括冷战时期美国的“潘兴”Ⅱ导弹采用的空气舵再入飞行器、AHW 计划 2011 年成功进行飞行试验的 HGB 再入飞行器以及德国 SHE-

FEX-2 锐边飞行器。

1.3 大钝头钟形体布局

大钝头钟形体布局飞行器的主要特点是高空采用姿控发动机进行姿态控制，并依靠自身大钝头外形特点，产生较大的阻力进行减速，到达一定高度后打开减速伞进一步减速，落地前切断减速伞。此类飞行器主要用于航天员或航天货物的运输及再入返回。“联盟”号和“龙飞”船等返回器是大钝头钟形布局的典型代表。

1.4 升力体布局

升力体布局既有采用大钝头 + 大翼面类似飞机外形的升力体，也有采用尖前缘的扁平化升力体。升力体构型易获得高超声速机动飞行需要的高升阻比和稳定配平能力，并具有较高的容积率，因此，美国和苏联早在 20 世纪 50 年代就开始了升力体布局的研究工作，包括美国国家航空航天局（NASA）的 M1、M2 布局，兰利的 HL-10，以及椭圆体、菱形体、扁豆体等布局概念，在可重复使用运载器、高超声速巡航飞行器、助推滑翔飞行器等领域均得到广泛应用。尤其是美国飞行动力学实验室提出的四个升力体构型及后来演变发展的 X-24，对美国航天飞机及空天飞机计划产生了决定性影响。近年来，典型升力体布局飞行器还包括 X-33、X-37B、HTV-2、IXV 等。

1.5 乘波体布局

乘波体是在已知的超声速/高超声速流场中通过反设计方法得到的气动布局。由于其外形生成方法的特殊性，乘波体布局在高超声速条件下具有低阻力、高升力、大升阻比的优越气动性能，是高超声速飞行器气动布局的一个重要发展方向。尤其是乘波体外形与超燃冲压发动机相结合的一体化布局，已成为当前高超声速巡航飞行器的主要气动布局形式。美国 Hyper-X 计划和 HyTech 计划分别发展的 X-43A 和 X-51A 均采用乘波体布局。俄罗斯在 2015 年莫斯科国际航展上展出了采用乘波体布局的高超声速飞行试验模型 GLL-AP-02。

2 国外典型高超声速飞行器发展情况分析

2.1 Alpha Draco

Alpha Draco 是由麦道公司制造的高超声速试验飞行器，如图 2 所示，该飞行器于 1959 年成功进行了三次飞行试验，最早验证了大气层内高超声速滑翔技术原理，在美国高超声速技术发展史上具有重要意义。

图 2 Alpha Draco

Alpha Draco 采用两级固体发动机，第一级发动机助推完成后分离，第二级发动机助推完成后不分离，携带有效载荷利用尾部四片空气舵进行无动力高超声速滑翔飞行，验证了助推滑翔原理的可行性，获取了试验数据，并初步考核了防隔热材料在高温下工作的可行性。飞行试验通过控制弹体低滚速运动，使弹体表面均匀受热。Alpha Draco 飞行器的研制主要是用于验证采用火箭发动机实现助推滑翔技术的可行性，并不包括高超声速再入飞行。

2.2 BGRV

BGRV 于 1968 年成功进行了飞行试验，主要用于研究高超声速飞行器的机动能力及控制问题。

BGRV 为双锥细长体气动布局，如图 3 所示，通过反作用控制系统和后体可活动裙对再入姿态进行控制，反作用控制系统用于高空低动压段的控制，活动裙用于低空高动压段的控制。采用这种布局的最大好处是表面无明显突起物，可适应严酷的再入热环境，控制裙位于飞行器尾部可产生较大的控制力矩。公开资料显示，该再入飞行器具有百千米级的横向机动能力。从 BGRV 飞行器的长细比可以判断飞行的马赫数应在 5 ~ 10，该飞行器的研制主要是为了攻克反作用控制系统与可活动裙的组合式高超声速气动控制技术，验证高超声速飞行器实现精确控制的可行性。

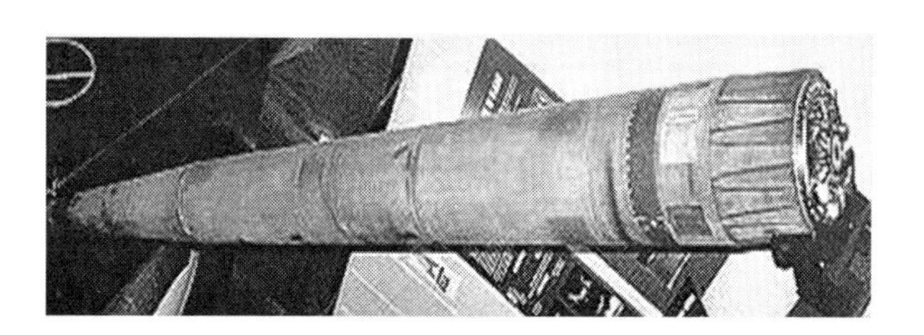

图 3　BGRV

2.3　MK-500 与 AmaRV

MK-500 是美国研发的适应更大射程的再入机动飞行器[19]，1975 年 3 月—1976 年 1 月期间，成功进行 5 次飞行试验，最后一次试验完成于 1977 年 7 月，采用“三叉戟”-1 C4 型导弹进行发射。MK-500通过飞行器内部可移动质量块对飞行姿态进行控制，实现特殊机动飞行，对目标实施有效打击。

如图 4 所示，改进型机动再入飞行器（AmaRV）是波音公司 20 世纪 70 年代研制的洲际射程高超声速飞行器[20]，1979 年由“民兵”I 发射，再入马赫数约 20，采用高超声速再入、拉起平飞和机动再下压的飞行方式。AmaRV 采用球双锥构型 + 迎风体襟翼 + 侧向体襟翼的布局方案，具有较大的有效载荷装载空间，迎风侧体襟翼控制俯仰和滚转通道，侧向体襟翼控制偏航通道，可实现三通道的稳定控制。

MK-500 与 AmaRV 的研制主要针对超高速再入严酷力/热环境而设计，通过内部惯性器件和作动机构可实现高精度控制，在超高速再入热防护、制导与控制、小型化惯性器件等方面实现了多项技术突破，为后续美国高超声速项目的发展奠定了坚实基础。

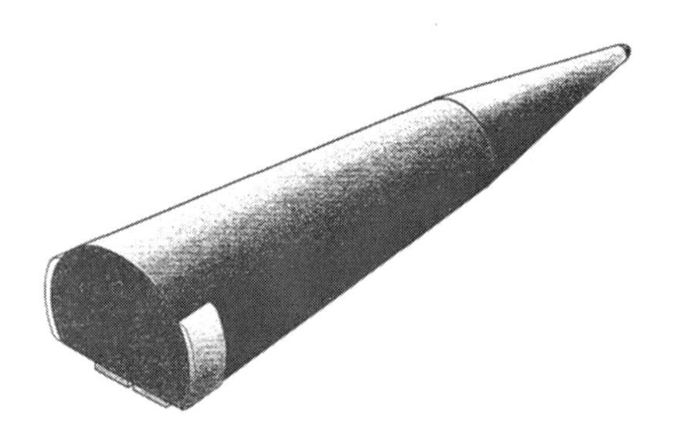

图 4 AmaRV

2.4 “潘兴” Ⅱ

“潘兴”导弹是美国研制的一种中程地地固体导弹（图 5）[21]，有三种型号。“潘兴”Ⅱ导弹是第三代地地导弹，1974 年开始研制，1985 年装备部队，《中导条约》后退役并逐步销毁，如图 5 所示。“潘兴”Ⅱ导弹为两级固体机动导弹，射程可达 1 800 km，再入飞行器具有一定的机动飞行，可装核和非核两类战斗部。再入飞行器采用球锥 + 空气舵的构型方式，采用惯性制导和雷达地形匹配末制导两套系统，命中精度约为 30 m，是地地导弹命中精度最高的一种导弹。

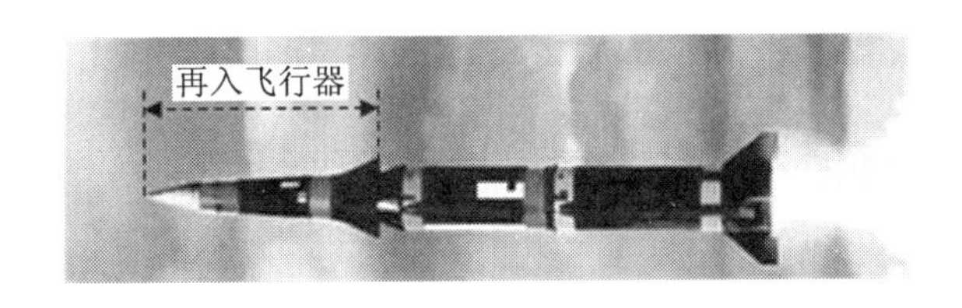

图 5 “潘兴” Ⅱ

“潘兴”Ⅱ导弹的研制使再入飞行器命中精度进一步提升，可实现中近程快速精确打击，突破了空气舵再入机动技术、组合制导与控制等多项关键技术。

2.5 Yu-71 飞行器

俄罗斯致力于 Yu-71 高超声速滑翔飞行器的研制工作已多年[22,23]，但此类飞行器的各项指标和技术一直都处于保密状态。Yu-71 是代号为“4202 工程”项目的一部分，该项目的前身“信天翁”计划是 20 世纪 80 年代苏联机械制造科研生产联合体 NPOMash 提出的，为了对抗美国“星球大战”计划，重点发展可以携带滑翔有翼高超声速飞行器的洲际弹道导弹项目。“信天翁”计划由于经费短缺而搁置，但 NPOMash 将其作为一项关键技术保留下来，并将飞行器改造成用于海上救援物资投送的高速助推滑翔飞行器，如图 6 所示。

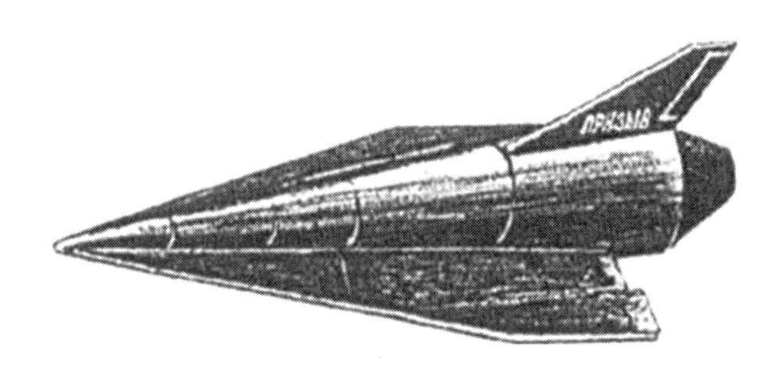

图 6　“信天翁”项目衍生的民用助推滑翔器

2009 年俄罗斯开始在栋巴罗夫斯基发射场对发射装置进行改造，以适应发射 Yu-71 飞行器的 SS-19/UR-100 导弹。2011—2015 年，对其进行了多次飞行试验，虽然均以失败告终，但引起国际社会广泛关注。2016 年 4 月 19 日的试验是 Yu-71 飞行器首次成功试验，也是俄罗斯高超声速滑翔飞行器发展史上的一个重要里程碑。根据俄罗斯以往的高超声速飞行器技术，Yu-71 可能采用了高升阻比的升力体构型，以获得较大的装填空间和良好的气动性能，具备在马赫数 10 以上的高超声速滑翔能力。

2.6 HTV-2

HTV-2 是美国重点发展的助推滑翔式高超声速技术飞行器，是

“猎鹰”计划下增强型通用再入飞行器 ECAV 的验证机，也是目前美国常规快速全球打击体系下常规打击导弹方案的作战原型[24]。

为满足远距离滑翔和大范围机动作战任务的需求，HTV-2 采用具有高升阻比的升力体布局方案，如图 7 所示。从外形上看，HTV-2 比较扁平，与传统翼身组合体布局相比，升力体布局能够消除机身、机翼、尾翼等各部件产生的附加阻力，能够从根本上消除机翼与机身、机翼与气动部件之间的干扰问题。HTV-2 采用侧缘半径较小的非圆截面构型，研究表明非圆截面与常规圆形截面相比，能产生更大的升力，在相同来流条件下具有更高的升阻比[25,26]。

图 7　HTV-2

HTV-2 再入飞行马赫数大于 20，再入飞行时间较长。面临的关键技术挑战主要包括：高升阻比气动布局技术，先进的轻质、耐用热防护系统，材料处理工艺与制造技术，自主高超声速导航、制导和控制系统，自主飞行安全系统等。其中，采用高升阻比气动外形的低损伤碳/碳外壳是项目最大的风险，用以满足 HTV-2 对射程、机动能力和长时间飞行热防护的设计要求。在制造过程中，研发团队取得了很多突破性研究成果。虽然 HTV-2 于 2010 年和 2011 年进行的两次飞行试验均以失败告终，但整个项目及突破的关键技术对于美国高超声速技术的发展具有重要的推动作用。

2.7　AHW

AHW 是美国陆军研究的一种前沿部署的大气层内助推-滑翔高超

声速武器，充分继承了美国早期再入机动飞行器的研究成果[27]。公开报道显示，AHW 是一种中远程打击武器，最大射程为 6 000 ~ 8 000 km，可以部署在美国前沿军事基地。AHW 是对美国早期机动再入飞行器技术的继承和发展，类似试验美国在 20 世纪 60—80 年代已开展过多次，技术相对成熟。在美国提出的“全球常规快速打击”计划项目中，AHW 被确定为空军常规打击导弹计划 HTV-2 的备选方案，作为降低研制风险的一种途径。在 HTV-2 两次飞行试验失败的背景下，2011 年 11 月 17 日，AHW 首飞成功，射程约3 700 km，验证了高超声速再入滑翔体（HGB），为美国全球打击计划形成了有力的支撑。

HGB 作为 AHW 的再入飞行试验平台，其气动布局方案与 CAV、HTV-2 等升力体布局方案相比差异较大。HGB 采用球锥体 + 四片边条翼的布局方案，如图 8 所示，整体布局形式与美国 20 世纪七八十年代发展的空气动舵再入机动飞行器采用的球双锥 + 四片空气动舵的布局方案更接近，其技术是在美国成熟的空气舵再入机动技术基础上进行性能改进和提升，具有较好的技术和实战转化能力。

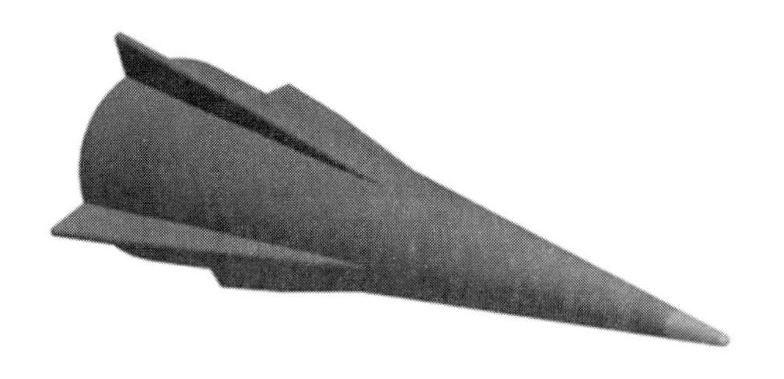

图 8　HGB

虽然 AHW 在 2014 年进行的第二次试飞中失败了，但公开评估结果表明，事故与高超声速滑翔体本身无关。2017 年 10 月 30 日，美国海军成功完成了中程常规快速打击飞行 1 号的飞行试验（项目代号 CPS FE-1）。据称，此次试验中的飞行器就是基于 AHW 项目方案针对潜艇导弹发射管进行的适应性改进。

2.8 过渡试验飞行器（IXV）

IXV 是欧洲第一个高超声速再入技术验证平台[28-29]。该项目由欧洲航天局（ESA）组织研发，旨在通过 IXV 的研制及飞行试验获取高超声速再入环境下飞行器的准确气动特性、热响应特性及控制特性，验证包括气动设计技术、先进制导与导航技术、热结构及热防护技术、姿控发动机与气动控制面联合执行的飞行控制技术等多项关键技术，为欧洲掌握近地轨道可控再入返回技术，发展可重复使用天地往返运输系统奠定技术基础。

2015 年 2 月 11 日，IXV 由“织女星”轻型运载火箭发射成功，并成功完成再入飞行演示，用时100 min。IXV 飞行器机身长约 5 m、高 1.5 m、宽 2.2 m，高超声速条件下升阻比约为 0.7，质量约2 t，如图 9 所示。IXV 采用无翼升力体布局，采用4 台 400 N 发动机构成反作用控制系统，采用两个位于飞行器迎风侧底部的体襟翼构成舵控系统。从120 km亚轨道高度返回时，再入速度约为7.4 km/s，采用 RCS 和体襟翼进行复合控制，通过高超声速滑翔进行减速飞行。飞行器装备有下降与回收系统，该系统依赖于一个三级超声速降落伞方案，由一组降落伞、漂浮与定位装置组成。在25 km高度三级降落伞依次打开，最终软着陆在海面上。

图 9　IXV

IXV 飞行试验成功，意味着 IXV 突破了两项再入返回关键技术：一是突破了升力体布局再入飞行器设计技术，升力体构型具有较高的装填比，可有效提升载荷装填能力，同时具有较好的力、热环境适应能力，可实现由亚轨道直接返回地球；二是突破了可重复使用大面积陶瓷基复合材料热结构技术，提升了再入飞行器可重复使用程度，并可降低维护成本。

2.9 SHEFEX 锐边飞行器

SHEFEX 锐边飞行器是德国航空航天中心（DLR）研发的下一代空间再入航天器[30]。2012 年 6 月 22 日，在挪威安多亚火箭发射场发射了SHEFEX-2，并成功实现了再入返回。DLR 开展 SHEFEX 项目达 10 年之久，致力于研究航天器再入返回技术。

从气动布局角度来看，SHEFEX-2 采用非圆截面构型，由多个平面组成，升阻比略高于圆形截面，但飞行器主体外形接近于轴对称，从飞行器前体的长细比和截面形状来看，并非高升阻比构型，如图 10 所示。这种多面体气动布局设计主要是为了降低热防护材料的生产和使用成本。SHEFEX-2 气动布局与“潘兴”Ⅱ极为类似，控制单元采用安装有四片空气舵的控制舱，如图 11 所示，具有较好的控制能力，可实现高速再入飞行后姿态的调整，以获取不同姿态的机动飞行。

图 10　SHEFEX-2 飞行器

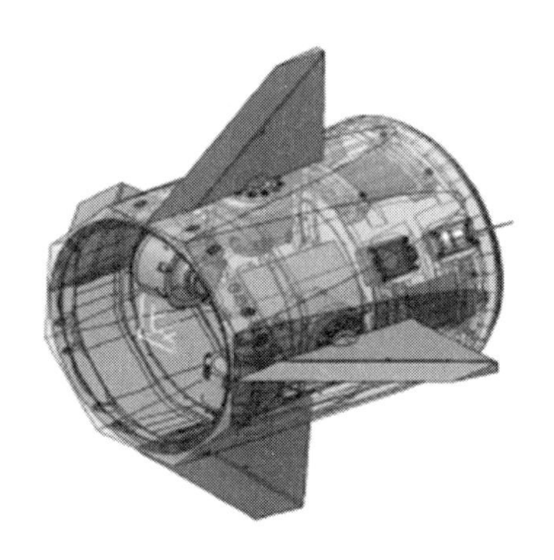

图 11　SHEFEX-2 控制舱

SHEFEX-2 突破的两项关键技术特别值得关注。一项是陶瓷基复合材料主动热防护技术，飞行器表面采用分块式纤维陶瓷材料盖板方案，并在其中一块盖板下面采用了主动热防护技术，冷却剂通过多孔陶瓷材料进入边界层，可实现 50% 以上的降温效率。另一项是非金属连接及密封结构技术，框架式铝合金承力结构易于制造加工，防热盖板与铝合金框架之间的连接采用耐高温陶瓷基复合材料螺钉，不同防热盖板间采用特殊的密封材料。

作为载人和货运用途，德国后续还发展了 SHEFEX-3/REX 再入飞行器，采用多面体面对称布局、反作用控制系统和一对体襟翼进行控制，如图 12 所示。可以预见，在主动热防护技术突破后，这种采用多平面结构的可重复使用再入飞行器将极大降低空间运输成本。

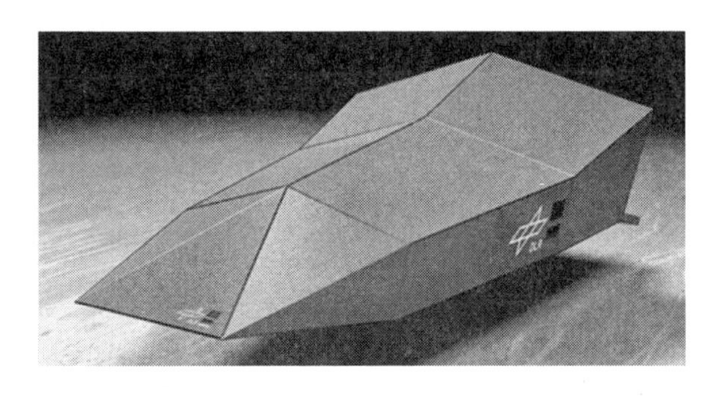

图 12　SHEFEX-3/REX 构型图

3　高超声速飞行器布局发展的启示

国外高超声速飞行器的发展历程及趋势对我国发展高超声速飞行器具有很强的借鉴意义，经分析主要有以下四点启示：

（1）高超声速飞行器主要向远射程、高机动和高精度方向发展。

随着导弹技术的发展，导弹射程逐渐由近程向中远程再向洲际发展，再入环境也发生了较大的变化，高超声速飞行器设计面临前所未有的挑战。未来主要向适应更大射程、具有更高机动能力和打击精度、具有更强的突破防御系统的能力方向发展，基于本土发射可实现对全球目标的常规精确打击，提高武器装备的威慑力。

（2）针对不同任务需求，应发展多布局类型的高超声速再入飞行器。

近几十年来，根据研究或作战任务需求，国外发展了多种布局类型的高超声速飞行器，基本构型包括球锥空气舵布局、球锥活动裙布局、球锥体襟翼布局、升力体布局等；控制方式包括空气舵、体襟翼、反作用控制系统等。近年来，我国也发展了相关高超声速飞行器技术，应结合自身特点，充分借鉴国外的成功经验，发展多布局类型高超声速飞行器，为不同作战任务提供技术储备和支撑。

（3）为降低研制风险，高超声速飞行器设计应充分考虑国家工业基础水平。

美国发展全球快速打击系统时秉承高低结合的发展方式，以 HTV-2 为代表的升力体布局体现了美国在高超声速技术领域的领先地位，但分别由于气动控制问题和大面积碳基防热壳失效问题，导致第一次和第二次飞行试验均失败。而以 HGB 为代表的球锥布局外形，大量采用现有成熟技术，体现了美国国家工业基础水平。因此，高超声速飞行器气动布局的设计应充分考虑国家工业基础水平，尽量采用成熟度较高的技术。

（4）为实现总体方案最优，高超声速飞行器优化设计应综合考虑作战目的及总体特性。

美国在研制 HGB 时，将高超声速技术和动能武器技术相结合，对飞行器进行综合优化。HGB 弹体细长的特点，决定其适于安装细长型动能侵彻类战斗部载荷，与常规快速打击作战目的紧密相关。HGB 尾段空间较大，可推测控制、伺服等设备安装位置靠后，因此整体质心较为靠后，质心靠后的总体特性与纵向压心靠后的气动特性是匹配的，保证了飞行器具有足够的稳定飞行和机动控制能力。

4 结束语

本文对国外以火箭助推为动力的高超声速飞行器开展分析，详细介绍了国外一系列高超声速飞行器发展过程、气动布局特点及其关键技术突破，在此基础上提出对我国发展高超声速飞行器的启示：未来高超声速飞行器主要向远射程、高机动和高精度方向发展；应针对不同任务需求发展多布局类型的高超声速飞行器；高超声速飞行器研制应充分考虑国家工业基础水平；高超声速飞行器优化设计应综合考虑作战目的和总体特性以实现总体方案最优。

参考文献

[1] Schmisserur J D. Hypersonics into the 21st century: a perspective on AFOSR-sponsored research in aerothermodynamics [R]. AIAA-2013-2606.

[2] 白宏，汤微. 高超声速武器——快速远程精确打击的利器 [J]. 飞航导弹，2015 (12).

[3] 张冬青，叶蕾，李文杰. 2009 年国外高超声速技术发展概述 [J]. 飞航导弹，2010 (9).

[4] 叶蕾，李文杰. 2010 年世界高超声速技术进展回顾 [J]. 战术导弹技术，2011 (1).

[5] 王自勇，牛文，李文杰. 2012 年美国高超声速项目进展及趋势分析 [J]. 飞航导弹，2013 (1).

[6] 李文杰，牛文，张洪娜，等. 2013 年世界高超声速飞行器发展总结 [J]. 飞航导弹，2014 (2).

[7] 牛文，李文杰，胡冬冬，等. 2014年世界高超声速技术发展动态回顾［J］. 飞航导弹，2015（1）.
[8] 文苏丽，张宁，李文杰，等. 国外飞航导弹及高超声速飞行器未来发展分析［J］. 飞航导弹，2015（11）.
[9] 李桐斌，陈敬一. 美军“快速全球打击”概念演进及装备技术发展情况［J］. 现代军事，2016（2）.
[10] 胡冬冬，叶蕾. 美国加速高超声速打击武器实用化发展进程［J］. 飞航导弹，2016（3）.
[11] 刘晓明，叶蕾，李文杰，等. 2015年高超声速技术发展综述［J］. 飞航导弹，2016（7）.
[12] 沈娟，李舰. 国外高超声速技术近期研究进展［J］. 飞航导弹，2016（12）.
[13] 关成启，宁国栋，王铁鹏，等. 2016年国外高超声速打击武器发展综述［J］. 飞航导弹，2017（3）.
[14] 胡冬冬，苑桂萍，武坤琳，等. 美国国防部2016财年导弹武器采办预算分析［J］. 战术导弹技术，2015（3）.
[15] 胡冬冬，叶蕾. 从高速系统试验（HSST）项目看美国高超声速试验科学技术专项实施现状［J］. 飞航导弹，2016（4）.
[16] 张绍芳，武坤琳，张洪娜. 俄罗斯助推滑翔高超声速飞行器发展［J］. 飞航导弹，2016（3）.
[17] 康开华，丁文华. 英国未来的SKYLON可重复使用运载器［J］. 导弹与航天运载技术，2010（6）.
[18] Bunn M. Technology of ballistic missile reentry vehicles, program in science and technology for international security［D］. MIT Dept of Physics, 1984.
[19] Regan F J, Anadakrishnan S M. Dynamics of atmospheric re-entry［R］. AIAA Education Series, 1993.
[20] 黄品秋. “潘兴”Ⅱ导弹和弹头的初步分析［J］. 导弹与航天运载技术，1994（1）.
[21] Russia testing hypersonic nuclear glider that holds 24 warheads and travels at 7000mph［EB/OL］. http://www.express.co.uk,2016-06.
[22] 王璐，夏薇. 俄罗斯成功开展高超声速武器试验［J］. 导弹与航天运载技术，2016（7）.

[23] 丁煜，王庆轩. 非圆截面弹身绕流流场数值仿真 [J]. 航空兵器，2007 (7).
[24] 战培国. 美国陆军先进高超声速武器气动问题分析 [J]. 航空科学技术，2015 (26).
[25] 魏昊功，陆亚东，李齐，等. 欧洲“过渡试验飞行器”再入返回技术综述 [J]. 航天器工程，2016，25 (1).
[26] 高久川，李文杰，郭朝邦，等. TAS - I公司加紧研制 IXV 高超声速飞行器 [J]. 飞航导弹，2012 (7).
[27] 文苏丽，时兆峰. SHEFEX——全新的高超声速技术试验平台 [J]. 飞航导弹，2010 (9).

高超声速巡航导弹的作战运用及对未来战争的影响

叶喜发　张欧亚　李新其　代海峰

目前，美、俄在高超声速武器研究方面继续走在世界前列。美国提出的全球快速打击系统中仍以高超声速武器发展为重点，俄罗斯“锆石”高超声速巡航导弹成功试验并将于2020年列装，高超声速武器实战化进程即将来临。本文在前期对高超声速巡航导弹研究的基础上，总结了其作战特点，提出了斩首作战、配合作战、替补作战、支援信息作战四种运用方式，并分析了对未来战争的影响，目的是通过对高超声速巡航导弹分析研究，为适应未来战场环境、了解未来战场模式、打赢未来战争奠定一定的理论基础。

引　言

高超声速巡航导弹是指飞行速度在马赫数 5 以上、飞行高度在 20 ~ 40 km 临近空间巡航飞行的飞行器。随着高新技术的快速发展，高超声速巡航导弹的发动机推进技术、热防护材料技术、控制与制导技术等关键技术得到了质的提升，即将实现实战化部署。俄罗斯“锆石”巡航导弹已于 2017 年进行了首次海上试射，并将于 2020 年列装，执行战备值班任务，成为首个实战化的高超声速武器。

1　高超声速巡航导弹的作战特点

高超声速巡航导弹主要有空基、陆基和海基三种发射方式，未来将可能实现天基发射的方式，其飞行过程可分为助推段、巡航段和俯冲段，如图 1 所示。

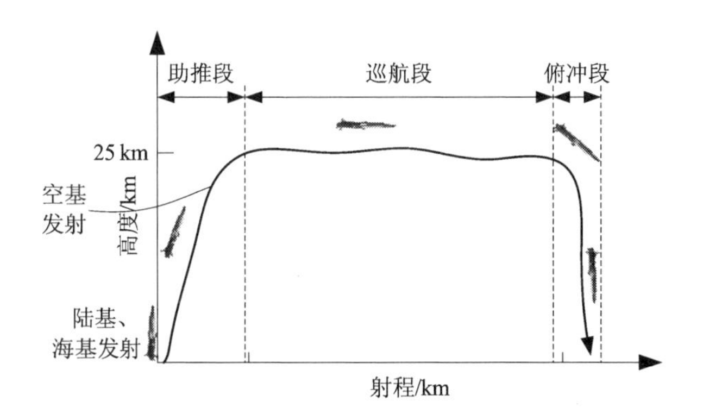

图 1　典型高超声速巡航导弹飞行示意图

在助推段，陆基、海基发射采取火箭助推器和超燃冲压发动机组合推进系统。首先，火箭发动机将其加速至马赫数 3 时自行脱落（空基发射时，载机加速至马赫数 3 时释放），超燃冲压发动机开始工作，将高超声速巡航导弹推进至 25 km 的高空；在巡航段，在超燃冲压发动机推动下，采取定高巡航或者周期巡航的方式在大气层内实施高空巡航飞行，并可以实施横向机动；在俯冲段，发动机关机，导弹在重力的作用下对目标实施打击。

（1）飞行速度相对较快。

高超声速巡航导弹通过火箭助推器加速至马赫数 3 以上，之后超燃冲压发动机开始工作，将其加速至马赫数 5 以上，进行有动力的高空巡航飞行。2013 年，美国 X-51 实现了速度为马赫数 5.1 的飞行试验；2017 年，俄罗斯“锆石”巡航导弹完成了马赫数 8 的飞行试验。随着关键技术的不断发展，速度可以达到马赫数 10 以上，即 1 h 完成12 000 km 的飞行，作战时间大幅缩短，提高了攻击目标的突然性和有效性。

（2）对敌防空系统突防效率高。

导弹的突防能力主要通过增加速度、提升高度、强化隐身等措施达到。高超声速巡航导弹飞行速度在马赫数 5～20，极快的速度大大缩短了敌防空系统反应时间，加之采用先进隐身防护材料，探测距离、反应时间更随之减少，可有效破击敌防空反导系统；同时，其飞行高度在 20 km 以上，目前最先进的反导防空系统都难以企及，无法对其拦截和抗击，几乎可以实现全突防能力。

（3）实施防区外远距离发射。

发射平台安全性高，高超声速巡航导弹的飞行距离可达 2 000 km，足以覆盖世界上大部分国家的国土纵深，通过在国境内陆基机动发射，既可保证导弹发射平台的安全，又可实现对敌方深远纵深目标的远程打击。

（4）点穴式精确制导打击。

目前，高超声速巡航导弹主要采用惯性制导/全球定位系统，采取多模复合的微波和光学复合探测技术、量子成像技术以及弹载相控阵雷达、红外导引头和电光传感器技术，结合多元导航信息的融合技术，提高多维高密度信息处理能力，快速计算飞行器制导信息，及时得到充分的情报、监视和侦察保障，其命中精度可达 1～3 m，有效实施精确打击任务。

（5）对深埋目标侵彻破坏能力强。

导弹的杀伤动能与其打击速度的平方和质量的乘积成正比。目前，

高超声速巡航导弹的弹体质量相对弹道导弹较小，但其末段打击速度可达十几马赫以上。试验表明，速度在马赫数 6 的弹头，对钢筋混凝土、地表面的侵彻深度分别为 6 ~ 11 m 和30 ~ 40 m。因此，高超声速巡航导弹可以摧毁任何深层坚固地下高价值军事目标。

鉴于其飞行快、突防强、距离远、精度高、侵彻强等特点优势，未来的战争中，将担负对时敏目标、移动目标和严密设防的高价值军事目标实施外科手术式远程精确打击。

2　高超声速巡航导弹的作战运用

目前，国内外对于高超声速巡航导弹主要侧重于技术性能方面的研究，对作战运用方式的研究相对较少，鉴于其技术方面取得的成果和高超声速巡航导弹的作战特点，提出了斩首作战、配合作战、替补作战、支援信息作战等运用方式。

1）斩首作战运用

未来战场将呈现出作战进程更快的特点，对随机出现的机动式导弹发射车、间歇开机雷达站、移动指挥中心、临时集结部队、海上忽现的大型舰船等时敏目标的打击将至关重要，目前的弹道导弹、亚声速巡航弹等难以在短时间内实施有效打击。为此，可发挥高超声速巡航导弹速度快、突防强、精度高、射程远等特点，实施斩首打击，即在有限的打击窗口内摧毁时敏目标，达到以点控面，及时有效摧毁时敏目标和扰乱敌作战部署。

2）配合作战运用

未来高科技战争中，攻防双方的对抗更加激烈，如何有效突破敌针对地面、半地下及地下高价值军事目标的一体化防空反导体系，是实现对其实施有效摧毁打击的关键。若采用弹道导弹多弹饱和式攻击，虽突防效率增加，但成本也会增加，效费比太低，因此，可采取高超声速巡航导弹、弹道导弹、亚声速巡航导弹高度弹道相结合的配合作战方式，如图 2 所示。

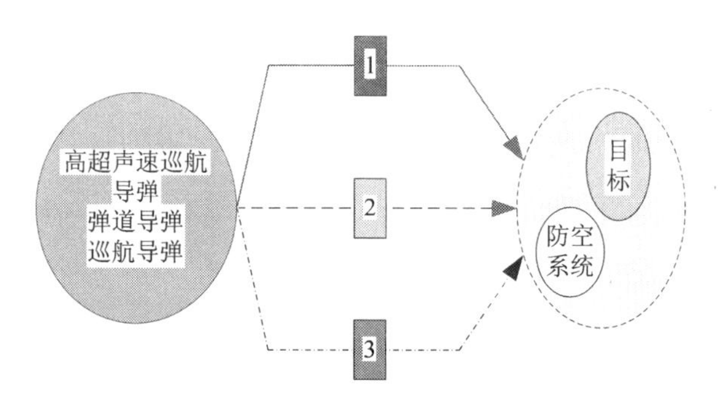

图 2　配合作战方式

作战方式 1：高超声速巡航导弹作为领弹，吸引敌防空系统的探测和拦截（弹道导弹和亚声速巡航导弹紧随飞行），并对敌目标区域进行信息获取，将目标信息共享至弹道导弹和亚声速巡航导弹，实现对目标区域饱和攻击。

作战方式 2：由高超声速巡航导弹直接对敌重要防空系统进行精确摧毁打击，破坏其防御能力，然后弹道导弹、亚声速巡航导弹则在没有防空系统的情况下对敌高价值军事目标实施摧毁打击。

作战方式 3：高超声速巡航导弹对敌防空系统进行电磁压制或者破坏敌指挥信息系统，造成“单向透明”局面，并引导弹道导弹和亚声速巡航导弹对目标进行摧毁打击。

同时，还要注意的是，在实际的配合作战过程中，在任务规划阶段必须根据敌目标区域部署情况对导弹种类、数量、发射时间、航迹进行精心仔细的规划，力争用最小代价获取最大效果，节约成本，提高作战效费比。

3）替补作战运用

与弹道/滑翔导弹相比，高超声速巡航导弹具有基于动力系统的全程机动能力，横向覆盖范围大；与超/亚声速巡航导弹相比，具有快速抵达和强突防能力；与常规亚声速/超声速反舰导弹相比，具有射程远、速度快、突防概率高、机动性强等特点。可以作为陆基反舰的重要补充打击手段，打击中近程内的海面慢速移动目标，取得或部分取得制海权，未来将成为“杀手锏”和“开路先锋”，如图 3 所示。

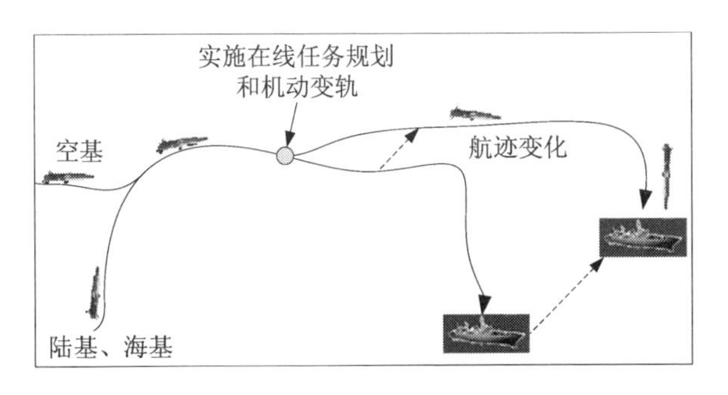

图3　打击移动舰船示意图

4）支援信息作战运用

支援信息作战是指高超声速巡航导弹主要担负信息保障作战和信息进攻作战。一是为了提高参战力量的攻击和防护能力，利用其为参战力量的作战行动提供侦察监视、导弹预警、通信中继、导航定位等信息保障；二是充分发挥其突防能力强、打击精度高的特点，携带电磁脉冲弹头破坏敌通信指挥系统，同时对敌实施电子战、网络攻击战和心理战等信息进攻战，最终实现夺取和保持信息优势。

3　高超声速巡航导弹对未来战争的影响

1）"快速突防"实现战略威慑

战略威慑是指为达成一定的战略目的，通过显示战略力量和使用战略力量的决心，以期迫使对方屈服的行为。其主要分为战略核威慑和战略常规威慑，目前主要以战略核威慑为主，但是其威慑能力较强而实战化能力不足，使用门槛过高，造成的破坏将是毁灭性的，因此难以发挥真正的威慑作用。美国等发达国家发展高超声速武器的主要目的就是寻求战略核威慑以外的战略威慑武器力量，对现行的战略核威慑进行加强和补充，形成相辅相成的战略威慑体系。与战略核威慑相比，战略常规威慑具有使用门槛低、打击精度高、打击灵活性强、打击范围可控等优势，高超声速巡航导弹作为常规战略威慑的一种，将发挥其速度的极限，可在极短时间对全球任何一个地方实施精确打击，对手几乎没有回旋的余地，将对对手造成生理、心理不可估量的影响，因而可信度更高，能产生更现实的威慑作用。

2）“非对称优势”颠覆未来战争样式

高超声速技术称为“军事领域的第六代技术”，在未来高新技术战争中将发挥至关重要的作用。高超声速巡航导弹集速度快、毁伤强、突防高、打击远、机动强等优点于一身，形成了作战体系的高度差、速度差、距离差等非对称优势，将彻底改变未来战争的样式，由大规模毁伤转向对高价值军事目标的远程精确打击；努力争夺“战场空间拓展延伸、强突防快打击”的战略制高点，转变对空作战模式，对传统的兵力部署、作战模式、反导系统、抗击方法、作战保障等将会产生颠覆性影响，不断影响未来世界格局的形成与稳定。

3）“超越时空”加快作战进程

在未来战争中，速度和信息将会成为赢取战场胜利的决定性因素。速度和信息决定着时间，致使时间因素成为各种制约因素之首。未来的高超声速巡航导弹将实现从防区外对严密设防的纵深高价值军事目标进行快速远程精确打击，突出速度制胜、毁其要害的优势，压缩观察、定位、决策、行动等杀伤链的反应时间，破除“时空概念”，彻底改变以往“空间决定时间”的观念，以“瞬时超越时空”来加快作战进程。未来战场时间将会由“天、月”计算转变为以“分、秒”计算，战争的突变性、对抗性、激烈程度将进一步增强，以往传统地域范畴下战略纵深的作用将大幅下降。

4 结束语

目前，在高超声速巡航导弹的作战运用上研究相对较少，本文在分析其作战特点的基础上，提出了几种未来可能的作战样式，为其未来的作战运用提供一定的借鉴意义。随着以高超声速巡航导弹为代表的高超声速武器实战化进程即将临近，标志着一种新型作战力量随之诞生，未来战争形态、作战样式、作战理念都将发生深刻变革，如何适应未来战争环境，如何打赢未来信息条件下的高科技战争，是迫在眉睫需要解决的问题。

参考文献

[1] 张灿. DARPA 将开展吸气式高超声速武器方案的海军改型研发 [J]. 海鹰资讯, 2018 (5)

[2] 胡冬冬. 吸气式巡航导弹还是助推滑翔弹? 空军高超声速常规打击武器 (HCSW) 方案预判 [J]. 海鹰资讯, 2018 (4).

[3] 刘都群, 胡冬冬. 俄罗斯披露射程 1500 公里的吸气式空射型“高超声速导弹”(r3yp) [J]. 海鹰资讯, 2017 (12).

[4] 刘都群, 胡冬冬. 对俄“匕首”高超声速导弹的分析与研判 [J]. 海鹰资讯, 2018 (3).

[5] 刘伯承. 中国人民解放军军语 (全本) [M]. 北京: 军事科学出版社, 2011.

[6] 黄志澄. 高超声速武器及其对未来战争的影响 [J]. 战术导弹技术, 2018 (3).

[7] 廖孟豪. 俄罗斯“匕首”空射高超声速导弹综述及研判 [J]. 空天防务观察, 2018 (3).

[8] 中国航天科工集团第三研究院 310 所. 精确制导武器领域科技发展报告 (2017) [M]. 北京: 国防工业出版社, 2018.

[9] 王春生, 刘娜, 编译. 高超声速武器: 新型战略威慑 [J]. 世界军事, 2014 (10).

[10] 褚睿. 美军全球快速打击系统发展及对未来作战的影响 [J]. 国防大学学报 (战役研究), 2016 (3).

[11] 军事科学院外国军事研究部课题组. 世界军事革命深入发展的总体态势与基本趋势 [J]. 军事学术, 2014 (1).

[12] 邢继娟, 李伟, 叶丰. 高超声速飞行器发展及作战效能初探 [J]. 军事运筹与系统工程, 2011 (4).

[13] 毕义明, 李勇, 张欧亚, 等. 高超声速武器实战化运用及威胁分析 [J]. 军事学术, 2015 (2).

[14] 白宏, 周大文. 高超声速武器在空中远程作战体系中的运用 [J]. 西安通信学院学报, 2016 (4).

[15] 杨澍欣, 李韶辉, 孙铁成. 高超声速巡航导弹的典型运用模式 [J]. 军事学

术，2013（1）.
[16] 王少平，董受全，李晓阳，等．未来高超声速反舰导弹作战使用关键问题研究［J］．战术导弹技术，2016（5）.
[17] 方晓，周伟．国外新型高超声速武器作战应用分析［J］．科技研究，2014（7）.
[18] 袁静伟，赵建兵，马长征．空间打击武器发展对防空作战的挑战及应对［J］．国防大学学报（战役研究），2014（4）.
[19] 张伶．21世纪战略打击利器：高超声速武器［J］．国防大讲堂，2014（44）.

高超声速滑翔飞行器防御方法分析与展望

刘重阳　江　晶　李佳炜

本文分析和总结了高超声速滑翔飞行器的进展及其带来的巨大威胁，并将其防御任务分为预先防御和实时防御两大类，分别提出了对应的防御行动方法。从五个方面总结与分析了当前高超声速滑翔飞行器实时防御能力及发展方向。

引 言

随着各国弹道导弹防御力量的发展，弹道导弹逐渐失去了昔日光环，为保持军事优势，各军事大国开始着眼于发展新武器技术。2014年11月，美国国防部在《国防创新倡议备忘录》提出“第三次抵消战略”之后，又在《长期研究和发展计划》中制定了高超声速等颠覆性技术发展新方向。随后，各军事大国在高超声速飞行器上的投资巨大，尤其是近几年进展显著，成就惊人。随之诞生的高超声速滑翔飞行器（HGV），其效费比高、雷达隐身性好、作用距离远、突防能力强和打击威胁大，给国土防御带来了严峻挑战。本文介绍了该类目标的发展与威胁，分析了应对该目标的防御方式，为完成对其有效防御，总结了防御体系应具备的能力，并提出了对未来防御体系建设发展的构想。

1 高超声速滑翔飞行器的发展与威胁

1.1 高超声速滑翔飞行器的发展

高超声速滑翔飞行器是一种能在无动力条件下，在临近空间（海拔20～100 km的空域）利用空气动力以速度马赫数5～20飞行的飞行器。与弹道导弹相比，临近空间高超声速滑翔飞行器以一种类似打水漂的方式沿非惯性弹道跳跃式飞行，具有一定的滑翔或巡航能力，隐蔽性高且突防能力强。

2014年以后，高超声速技术发展突飞猛进，各军事大国在滑翔飞行器上也取得了突破性进展。当前，在美国常规快速全球打击（CPGS）体系需求框架下，美国将战术级的高超声速打击武器（HSSW）（射程1 000 km左右）和战略级的先进高超声速武器（AHW）（射程超过6 000 km）作为发展重点，并加大经费投入。2019年，美国重点研究的高超声速滑翔飞行器几项相关项目财政预算如表1所示。

表 1　2019 年美国高超声速滑翔飞行器相关项目财政预算

项目/计划名称	内容	预算/万美元
高超声速飞行器技术	战术级空射型高超声速导弹技术集成演示验证	7 832.4
空射快速响应武器（AR-RW）	战术级空射型高超声速导弹样机研制试飞	16 873
战术助推-滑翔（TBG）	战术级空射型高超声速导弹技术集成演示验证	13 940
作战火力（OpFires）	战术级陆射型高超声速导弹技术集成演示验证	5 000
CPGS	战略级潜射型高超声速导弹技术集成演示验证	26 341.4

俄罗斯的高超声速滑翔飞行器“先锋”（Yu-71）也在 2018 年 3 月发布国情咨文时进行了演示，其最大飞行速度为马赫数 20，根据发射方式不同，射程可能为 10 000 km 或 15 000 km，可能采用包括了地面景象匹配的混合导航模式，制导可能采用了合成孔径雷达（SAR）和电视末制导，同时通过卫星通信实时更新飞行路径规划，其打击精度为 2 ~ 6 m[7]。其战斗部可为常规战斗部（15 万 ~ 100 万吨当量）或核战斗部，运载平台可采用 SS-19“匕首”、RS-28“萨尔玛特”或 PAK-DA 远程战略轰炸机，图 1 给出了“先锋”的飞行动画仿真效果。

1.2　高超声速滑翔飞行器的威胁

高超声速滑翔飞行器的出现淡化了大气层内外界限，可实现快速远程跨域作战、全球公域介入与机动联合、智能精准打击，其对国土防御的威胁主要体现在以下三个方面：

1）损失大

高超声速滑翔弹本身成本较弹道导弹低，由于使用了多种导航制导方式，精确性极高，打击的目标重要性程度与弹道导弹一致，为军

图 1 “先锋”飞行模拟动画

事、政治、经济要害部位或时敏目标，打击目标的价值高，并且同弹道导弹一样，毁伤能力强，一旦被打击将损失惨重，对国土安全威胁巨大。

2）预防难

按照高超声速滑翔飞行器的发射试验以及发射方式构想，高超声速滑翔飞行器能在海（地）下、地面和空中、临近空间以及太空平台发射，发射形式多样，这就使得其发射地点在全域内具有不确定性，甚至具有随时随地发射的能力。但目前各国防御体系还不能对该类目标做到全时空覆盖，因此，发现其发射征兆并及时预防十分困难。

3）拦截难

作为战术使用的高超声速滑翔飞行器射程为 1 000 ~ 2 000 km；作为战略武器使用的可达6 000 km以上，航程与弹道导弹相当，甚至更远，同时落点区域可覆盖数千千米范围，如图 2 所示。高超声速滑翔飞行器运动模式变换灵活，飞行航迹多变，难以预料其飞行路径及打击目标，对大范围国土空间造成威胁。高超声速滑翔飞行器飞行速度范围为马赫数 5 ~ 20，假设某次飞行任务中平均速度为马赫数 10，则战术使用的滑翔飞行器飞行时间不到 10 min，战略使用的滑翔飞行器即使绕赤道飞行一周也仅为 3 h 左右，飞行时间较短，即从预警情报到实时拦截反应时间短。同时，其还具备 2～4g 的过载能力，横向机动范围可达数千千米[11]，并且具有规避敌方探测与拦截区域的能力。自身电磁隐身性能以及飞行中机体周围形成的等离子体包覆使得雷达发现概率低，进而难以为拦截系统提供有效的情报保障。因此，该目标拦截难度大，己方保护目标易被高超声速滑翔飞行器打击。

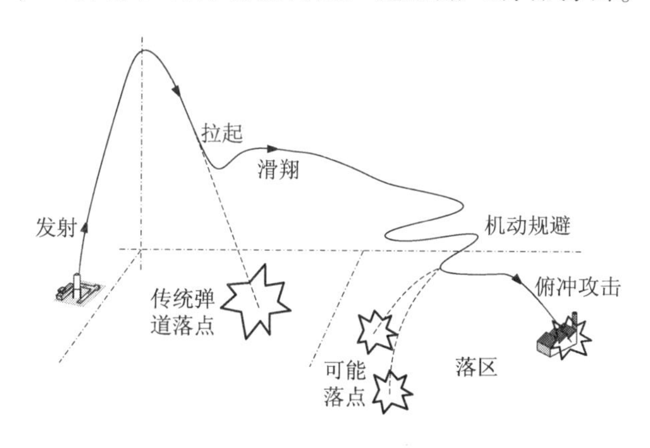

图 2　高超声速助推-滑翔弹作战示意图

2　高超声速防御任务与方法

防御高超声速滑翔飞行器的目的是保护本国及盟友、合作伙伴所属设施及人员不受高超声速滑翔飞行器打击和威胁。实现这一防御目的，可分为两类作战任务，一类是敌方还未使用高超声速滑翔飞行器时，我方通过预先防御手段打消敌方发射意图；另一类是敌方已经发射高超声速滑翔飞行器打击我方目标时，则需要采用相应实时防御手段，拦截来袭的滑翔弹或使其失去原有作战效果。从作战效果上可分为威慑制衡、拦截摧毁与篡改落点三类防御手段。

威慑制衡行动任务是打消敌方发射高超声速滑翔飞行器的作战意图，属于预先防御方法，主要实现方法包括情报威慑、武力威慑、法律约束、政治制衡、道德谴责等方面。情报与武力威慑属于军事威慑行为，通过向对手展现我方强大的情报获取能力，对手任何军事行动都在我方的掌握之内，同时又具备先进的火力打击能力，迫使对手作战意图无法成型。法律、政治、道德上的约束属于非军事威慑，有一定的威慑作用，但在部分霸权主义强国面前作用有限。因此，威慑制衡是以军事威慑为主，其余形式威慑起辅助作用。

拦截摧毁即预警防御系统发现敌方发射高超声速滑翔飞行器来袭后，通过物理手段对来袭弹头进行实体摧毁。主要分为两种方法实现，一是“实体对实体”的硬碰撞摧毁，通过发射针对高超声速滑翔飞行器的拦截弹，对来袭弹体进行实体碰撞，使弹体破碎；二是“能量对实体”的软摧毁，通过瞬时高功率电磁波能量照射弹体，使得来袭弹体产生高温燃烧、破裂，甚至熔化。拦截摧毁是最直接的实时防御方式。

篡改落点即预警系统发现敌方发射高超声速滑翔飞行器来袭后，采用技术手段，使得其落入对己方无害或有利的区域。主要方法包括干扰、入侵来袭目标通信、导航信号，通过篡改航迹、落点任务指令，或干扰劫持全球定位系统（GPS）的导航信息，使其偏离预定航迹，落到对己方无损的地域。然而，要突破敌方在通信导航网络中的安全防护也是一大难题，同时还要考虑目标是否在有效时间内根据篡改的信息落到无害区域。其对应关系结构如图 3 所示。

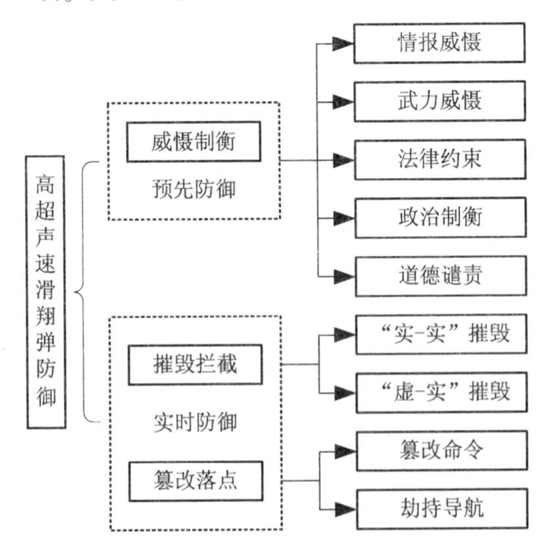

图 3　防御行动任务与方法

3　实时防御能力及发展方向

虽然预先防御是一种最优的防御方式，但是其不可控因素过多，国土安全首要还是依靠实施防御能力来保证。由于高超声速滑翔飞行器的作战特点，实时防御来袭弹头，比弹道导弹更难，对防御系统要求更高。

3.1　武器拦截

高超声速滑翔飞行器的拦截与弹道导弹的拦截武器系统类似，当前世界上主要的几种弹道导弹拦截武器系统性能如表 2 所示。

表 2　当前国外主要拦截武器性能参数

名称	最大拦截高度 /km	最远杀伤距离 /km	目标速度要求 马赫数
C-400	30	400	—
爱国者	35	—	<6
“标准”-3	155	425	—
“萨德”系统	150	200	<15

由表可见，当前拦截武器或在临近空间较低空域或在较高空域存在拦截盲区，也不能完全满足对高超声速目标在马赫数 5 ~ 20 的速度区间拦截需求，性能还有待于进一步提升。同时，其有效拦截还依赖于更多的目标信息情报支持。此外，当前正处于研制阶段的新型武器装备电磁炮，初速高、加速快、火力投放平台储放量大，是一种潜在对抗高超声速滑翔飞行器的武器装备。

除了常规的动能武器“实-实”摧毁外，还可采用“虚-实”摧毁的武器系统，这里主要指定向能武器，其主要包括激光、微波束和粒子束等。这类武器系统具有反应快、成本低、运用灵活、打击精确不受电磁干扰、瞬时功率高的优点，同时在不考虑系统功率作用范围的前提下，只需要目标角度信息，对情报精准性需求较低。

3.2 情报保障

成功完成上述两种方式的拦截任务，在很大程度上依赖于目标情报的准确性。从情报获取的方式看，可以分为两类，一类是通过预警监视及防御系统，直接获取的高超声速滑翔飞行器调动部署以及目标实时状态等信息，本文称为直接情报；另一类是通过技侦、网络入侵等手段获取的目标信息，本文称为间接情报。

3.2.1 直接情报

高超声速滑翔飞行器飞行速度快，并且发射地点具有高度不确定性，要求其预警监视装备尽可能覆盖全频谱的传感器装备，包括光电、雷达、电子侦察和通信侦察等。当前，直接情报的获取主要是依靠部署在地基、海基、空基和天基的各种弹道导弹预警监视装备，获取关于全球范围内高超声速滑翔飞行器的相关信息。当前国际上主要的弹道导弹探测系统如表3所示，这些系统都无法完全满足高超声速滑翔飞行器的防御需求，其针对性的预警系统还有待于进一步研究。同时，由于该类飞行器作战使用的特殊性，如果错判会造成较大不良后果，因此各种装备间还要积极协同、印证取舍，以便判明目标威胁情况以及状态。平时主要通过部署监视，获取潜在对手部署、调动、试验情况，建立先期情报数据库，尽量全面掌握目标信息，对于重点方向重点监视，以便战时能快速应对，实时发现跟踪目标。

表3 国外部分弹道导弹预警探测系统

类型	名称	性能	任务功能
地基	“萨德”系统雷达	X波段，探测距离超过1 000 km	搜索、捕获和跟踪中远程弹道导弹，对拦截导弹进行制导
	铺路爪	UHF波段，最大探测距离约为3 000 km	探测和跟踪近程弹道导弹和洲际弹道导弹，对来袭弹道导弹进行早期探测和精确跟踪，并判定威胁和非威胁目标

续表

类型	名称	性能	任务功能
地基	天波超视距 AN/TPS-118（美）	调频连续波雷达，作用距离800～2 880 km，对洲际弹道导弹可以提供30 min的预警时间	在弹道导弹预警方面的应用受到限制
	后向散射超视距雷达（俄）	不详	与预警卫星配合使用，可对洲际弹道导弹提供30 min的预警时间，对潜射弹道导弹提供5～15 min的预警时间
	“第聂伯河”-M雷达	探测距离为2 500 km	海湾战争中，该型雷达首次探测到“飞毛腿”导弹的发射
	“顿河”-2N多功能雷达	可对4 000 km高空进行环形扫描	监视俄罗斯及盟国太空
	“沃罗涅日”-DM雷达	监控范围达到6 000 km以上，可同时监控约500个目标	替换“第聂伯河”“达里亚尔”和“伏尔加河”导弹预警系统
	远程“达娅”雷达	作用距离为6 000 km，探测域覆盖亚洲南部	探测和跟踪在印度洋的潜射导弹
空基	RC-135S“眼镜蛇”预警机	中波/长波红外＋光学传感器，作用距离400 km	可探测射程在450～500 km的弹道导弹，精确计算发射点和弹着点，估计突防时弹头的机动参数和飞行速度
	“门警”系统	被动红外搜索跟踪与激光雷达精确测距结合模式，导弹高度为32 km时，探测距离可达300 km；导弹高度为53 km时，作用距离可达450 km	探测战术弹道导弹

续表

类型	名称	性能	任务功能
天基	国家支援计划（DSP）	红外＋光学传感器	卫星上的红外探测器能在弹道导弹离开发射井约 90 s 时探测到导弹的红外信号，并自动将信息传给卫星地面站，地面站则通过通信中继卫星或光缆将信息传给弹道导弹预警指挥控制中心
	天基红外系统（SB-IRS）	红外＋光学传感器	高轨卫星用于探测导弹飞行的助推段，低轨卫星用于跟踪导弹飞行中段和再入段，大椭圆轨道卫星覆盖两极地区，实现全球覆盖
	精确跟踪太空系统（PTSS）	红外传感器	在弹道导弹飞行的上升段、中段和再入段跟踪多个弹道导弹，并引导反导拦截弹
	俄罗斯统一太空系统（EKS）	同时具备指挥、控制、通信功能	取代眼睛和预报雷达系统，探测洲际弹道导弹以及战术导弹

3.2.2 间接情报

间接情报的来源主要可以分为两类，一类是通过搜集筛选公开文字图片信息获得的高超声速滑翔飞行器情报；另一类是通过技术手段突破对方安全防范措施获得的目标情报。

当前手持式互联网设备日益增多，使得包括高超声速滑翔飞行器军事动态可能通过普通平台文字图像信息公开发布，从中存在分析获得部分目标相关信息的可能。然而，极少的有用信息淹没在大量无用信息中，分析出关键信息需要复杂搜索算法，同时信息可靠性、准确

性差。

另一类是非公开技术手段获取，主要是通过网络入侵、通信窃取、技侦谍报等手段，获得对方高超声速滑翔飞行器相关的性能参数等重要信息。

3.3 通信传输

高超声速滑翔飞行器防御任务不仅可用时间短，而且防御区域广，因此要求通信传输速度更快、更准确并且传输距离更远。仅靠地面通信难以实现，更大程度需要依靠卫星通信。但是，常规卫星通信仍然要面对传输时延长、丢包率高及链路干扰等问题。当前处于研究热点的高通量卫星（HTS）有望提供大容量、低延迟与近乎全球覆盖服务。高通量卫星在相同带宽资源下，吞吐量是传统通信卫星的数十倍，同时其采用中低轨卫星星座组网，也降低了传输时延。此外，在保证通信性能的同时，还应该注重抗干扰问题。

3.4 干扰入侵

高超声速滑翔飞行器防御任务中干扰入侵是指在获悉来袭的高超声速滑翔飞行器信息后，通过对敌方指控通信、导航定位设备的干扰入侵，更改其航迹落点，便于拦截或使其落入对己方无损区域。对指挥通信系统的入侵与干扰就是更改其目标任务，然而高超声速滑翔飞行器的制导方式属于混合制导，在远离任务目标时，还需要通过卫星进行导航，实时规划到落点间的飞行路径。对导航卫星进行干扰或者后台劫持导航系统，使其不能落于预定目标点，甚至可能修改其落点，使其落入大海等不造成损失的区域。此外，入侵对方网络对装备技术要求也很高，较难实现；干扰虽然较易实现，但对其落点无法控制。

3.5 其他方面

高超声速滑翔飞行器防御任务的有效完成时间十分有限，因此，对装备以及人员需求更高。

与其他防御任务相比，装备要求启动时间短，性能更稳定，一体化交互能力强，故障率低，保障维护时间短或具有较高的系统冗余度，以保证对高超声速滑翔飞行器的快速、不间断防御行动。

由于防御任务时间上的紧迫性，要求作战人员操作更加熟练，流程规范预案完善。同时，作战计划与决策方案应尽量完备，正如美国陆军战争学院前院长罗伯特·斯克尔斯少将所说，“真正的战争从本质上充满了不确定性，其中运气、摩擦和人在承受压力时思维受到的局限，会大大限制人们预测战争结果的能力”，实际应对措施应当备有多套方案以及后续存在问题的解决方案，并具备根据实时情报进行调整的可能，有一定的容错能力。

4 结束语

在高超声速滑翔飞行器的防御任务中，不战而屈人之兵即预先达到防御目的是最优的选择。预先防御无法奏效的情况下，则需要对来袭目标具有实时防御能力。实时防御过程中，武器系统的性能决定了是否具有成功拦截高超声速滑翔飞行器的条件，只有可靠有效的情报保障，才能成功完成目标的发现与拦截。然而，当前的预警体系和拦截武器都还存在一定差距，能力有待进一步提升。同时，情报的通信传输能力也起着至关重要的作用。此外，干扰入侵敌方指控或导航系统也是一种防御方式，但其也是以预警系统发现目标威胁为前提的。情报保障能力贯穿于高超声速滑翔飞行器防御任务中的方方面面，因此，在实时防御能力发展中，在发展各方面能力的同时，提升情报保障能力尤为重要。

参考文献

[1] 薛连莉，王常虹，杨孟兴，等. 自主导航控制及惯性技术发展趋势[J]. 导航与控制，2017（6）.

[2] 立文. 改变未来战争的“魔手”——高超声速武器[J]. 中国经贸导刊，2017（2）.

[3] 李淑艳，任利霞，宋秋贵，等．临近空间高超音速武器防御综述［J］．现代雷达，2014，36（6）．

[4] 廖孟豪．从国防预算看美军高超声速技术科研布局和发展［J］．飞航导弹，2017（11）．

[5] 廖孟豪．美军2019财年高超声速科研预算暴涨63%超过10亿美元［J］．中国航空报，2018（5）．

[6] 林旭斌，张灿．俄罗斯最新型高超声速打击武器研究［J］．战术导弹技术，2018（4）．

[7] 关成启，宁国栋，王轶鹏，等．2016年国外高超声速打击武器发展综述［J］．飞航导弹，2017（3）．

[8] 张翔宇，王国宏，张静，等．临近空间高超声速助推-滑翔式轨迹目标跟踪［J］．宇航学报，2015，36（10）．

[9] Timothy R，Jorris B M．Common aero vehicle autonomous reentry trajectory optimization satisfying waypoint and no-fly zone constraints［R］．AFIT/DS/ENY/，2007-07-04．

[10] 张洋，廖孟豪，李昊．2016年世界军机重大进展盘点［J］．中国航空报，2017（5）．

[11] 甄华萍，蒋崇文．高超声速技术验证飞行器HTV-2综述［J］．飞航导弹，2013（6）．

[12] 徐德池，竹林．空军信息战［M］．北京：军事科学出版社，2001．

[13] 金欣，梁维泰，王俊，等．反临近空间目标作战的若干问题思考［J］．现代防御技术，2013，41（6）．

[14] 姜洪涛，周军．电磁轨道炮让战争进入“秒杀新时代”［J］．飞航导弹，2017（8）．

[15] 于滨，赵英俊，安蓓．采用激光拦截技术的高超声速武器防御系统关键技术研究［J］．飞航导弹，2012（9）．

[16] 蔡风震，田安平．空天一体作战学［M］．北京：解放军出版社，2006．

[17] 孙新波，汪民乐．国外弹道导弹预警系统的发展现状与趋势［J］．飞航导弹，2013（2）．

[18] 范晋祥，郭云鹤．美国导弹防御系统全域红外探测装备的发展、体系分析和能力预测［J］．红外，34（1）．

[19] 吕琳琳. 美军空基弹道导弹预警探测系统发展分析 [J]. 现代军事, 2015 (1).
[20] 郝才勇, 骆超, 刘恒. 卫星通信近期发展综述 [J]. 电子技术应用, 2016, 42 (8).
[21] 刘悦. 国外中低轨高通量通信卫星星座发展研究 [J]. 国际太空, 2017 (461).
[22] 邹昂, 陆勤夫. 导航战对高技术战争的影响及对我军的启示 [J]. 空间电子技术, 2010 (4).

高超声速 ISR 平台在未来海战中的应用研究

刘济民　沈　伋　常　斌　杨长胜

临近空间高超声速 ISR 平台可用于战略威慑、广阔（高危）海域情报侦察、战场态势感知、目标指示和作战效果评估等多种作战任务。本文总结了未来海上作战的主要特点，分析了临近空间高超声速 ISR 平台的体系作战优势。阐述了临近空间高超声速 ISR 平台在未来海战中的主要作战任务，并在此基础上研究了其在未来海上联合作战中的具体应用。

引　言

临近空间高超声速飞行器，一般是指飞行马赫数≥5、以吸气式发动机或其组合发动机为主要动力装置、能在大气层中（飞行高度在20～100 km）进行远程飞行的飞行器[1-2]。临近空间高超声速ISR飞行器具有飞行速度快、反应时间短、突防能力强、作战效能高等诸多优点，可以凭借速度和高度的优势，完成普通飞行器无法完成的高难度情报、监视和侦察任务，在军事上具有巨大的战略意义[3]。

目前，我国海上方向面临的安全形势严峻，努力夺取制海权的能力和实施海上反介入作战能力迫在眉睫。本文结合未来海上作战的主要特点和临近空间高超声速ISR平台的体系作战优势，提出临近空间高超声速ISR平台在未来海战中担负的主要作战任务以及在主要作战样式中的具体应用，以期为下一步开展临近空间高超声速ISR平台主要作战使用性能的提出、作战能力的评估以及概念方案设计提供依据。

1　未来海上作战的发展趋势

科学技术是影响战争形态发展变化的决定性因素之一。现代科学技术在军事领域的广泛应用，引发了以信息技术为核心的新一轮军事变革。在此背景下，未来海上战争的形态、作战理念、作战平台正在发生深刻的变化。未来海上战争主要具有以下特征：

（1）作战空间全维化。未来海上战争是以海、空作战为主，包括陆上、空天、电磁以及网络空间等多维领域的一体化联合作战。交战双方在物理空间上离得越来越远，打击目标往往远离海岸，由此带来目标侦察发现、识别、定位及毁伤评估等一系列问题。

（2）作战能力体系化。未来海上作战是基于信息系统的一体化联合作战，对战双方是全要素作战体系之间的对抗。在体系对抗中，信息优势是取得其他优势的核心前提。海上作战，交战双方的舰船和飞机等均是移动平台，机动平台打击活动目标是海上作战的最大特点。因此，对海上移动目标的侦察监视能力成为体系作战能力建设的重点。

（3）作战中心网络化。未来海战指挥层次将向横向一体化、扁平化和网络化发展。制信息权成为战场综合控制权的核心，海战场作战优势的形成依赖于全方位的信息优势。通过战场上各作战单元的网络化把信息优势转变为作战行动优势，使各分散配置的部队共同感知战场态势并协调行动，从而发挥最大作战效能。海战场远离海岸，建立灵活、机动、稳健的网络化作战体系难度较大，对信息平台提出了更高的要求。

（4）作战平台新“三化”。信息化、无人化和智能化是未来作战平台发展的主要趋势。目前大部分装备已实现信息化、部分装备正在向无人化（无人机、无人艇和无人水下航行器等）和智能化（无人机“蜂群”、自主式无人艇和自主式水下航行器等）方向发展。

（5）作战方式多样化。信息战、瘫痪战和非对称作战是未来海战的主要作战样式，具有非接触和非线性的特点。未来海战将首先实施软杀伤，继而使用远射程、高速、高精度、大威力的制导武器实施精确打击，从而达到软硬兼施、综合打击的明显效果。

（6）作战节奏快速化。进入信息时代，作战行动节奏进入“秒杀”级，战场态势瞬息万变。在战场上，时间的本质表现为速度，速度成为关键的决胜点，时间速度博弈决定胜败。速度将成为衡量作战体系质量的“达标尺”，不适应信息化战争节奏的作战体系，即使体系再庞大、再严密，也注定是败战体系。

2 临近空间高超声速 ISR 平台的作战优势

由上述可知，未来海上战争对情报保障提出了新的更高要求，主要表现在保障时效增强，保障任务更重，保障难度加大。现有侦察情报体系还难以满足未来海上作战的需求。临近空间高超声速 ISR 平台是未来海上联合作战的重要信息平台，主要搭载光电设备和 SAR 雷达等任务载荷，利用高空快速到达的优势，可以承担高威胁、大纵深环境下的情报侦察、攻击引导和战效评估等作战任务，具有很高的情报侦察和信息战效能[4]，具有以下体系作战优势：

（1）高生存力。速度是克敌制胜的法宝。在其他条件相同的情况下，由于具有高度和速度优势，高超声速飞行器能极大地压缩现役空空导弹的攻击包线和引导拦截系统的有效作用范围[5-7]。利用“高”和“远”的优势，可避开敌方防空火力，在很大范围内和很远距离外对航母目标进行监控，必要时也可进行凌空侦察。

（2）高精度。临近空间高超声速 ISR 平台的巡航高度为 20 ~ 40 km，由于较航天 ISR 平台（最低轨道高度约为 200 km）距离侦察目标更近，侦察精度更高。除可携带各种光学侦察设备实施对地面目标的侦察外，也可安装大型合成孔径雷达（SAR），对大规模水面舰艇编队进行海面侦察。

（3）快速反应能力。科技的发展使未来战场“可见即可打、可打即摧毁”。临近空间高超声速 ISR 平台利用“动”和“快”的优势，可按照作战需求随时起飞，快速到达任务区执行侦察监视任务。按巡航高度 30 km、巡航马赫数 6 计算，从沿海机场到美军关岛基地也仅需 27 min。另外，当敌方对我方侦察卫星实施打击或信息遮断后，继续发射侦察卫星在时间、经济性上将难以实现；而临近空间侦察装备可在侦察卫星遭到打击后，及时作为替补侦察手段为远程精确打击武器提供攻击导引信息支持。与航空 ISR 平台相比，高超声速平台的实时侦察有独特的优越性。

（4）覆盖范围更广。由于飞行高度高，受视界影响小，相对于航空 ISR 平台具有更加广阔的视野，侦察范围广。图 1 显示了飞行器高度与侦察范围的关系。侦察范围半径与临近空间飞行器飞行高度的关系为

$$S = R\left[\arccos\left(\frac{R}{R+h}\cos\theta\right) - \theta\right] \tag{1}$$

式中，R 为地球半径；h 为临近空间飞行器飞行高度；θ 为雷达发射最小仰角；S 为地面侦察范围半径。显然，飞行器的飞行高度越高，其能够侦察的范围半径就越大。

若飞行高度 $h = 30$ km，雷达发射最小仰角 $\theta = 5°$，则侦察范围半径 $S = 274$ km，临近空间高超声速 ISR 平台能利用其飞行高度保持对

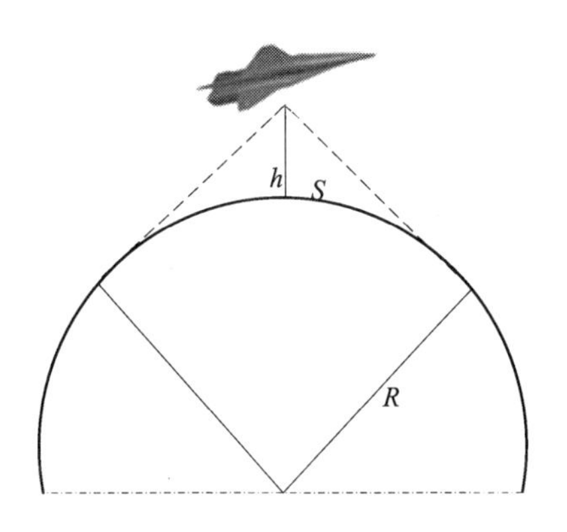

图 1　飞行高度与侦察范围半径示意图

24 万 km^2 区域的视野覆盖，使其成为一个极佳的广阔海域情报收集和侦察平台。而搭载同样的雷达设备，巡航高度为 9 km 的普通侦察机，其侦察范围半径 $S = 95$ km，仅为临近空间高超声速 ISR 平台侦察范围半径的 1/3。

临近空间高超声速 ISR 平台基本能够满足战役侦察中对侦察能力探测范围广、侦察距离远、发现目标准确及时的要求，但在空中不加油条件下，高超声速飞行器的巡航时间通常只有几十分钟，因此在持续监视和实施全时空不间断侦察上还难以满足要求[8]。

3　临近空间高超声速 ISR 平台的主要作战任务

临近空间高超声速 ISR 平台是未来海上战争的主体，可重点发挥其突防能力强、生存力高、单位时间侦察范围广、反应快等特点，用于海洋方向的战略侦察、广阔海域情报收集、对敌航母编队等高危目标的凌空侦察、远程精确打击的目标指示以及战场评估等多种作战任务。

3.1　战略威慑

临近空间高超声速 ISR 平台作为 21 世纪高新技术新概念作战平台，由于其高速与高突防能力，发挥着自身无与伦比的军事优势。在实战中可牢牢掌握战争的主动权，在远海重点海域能够取得局部信息优势，与高超声速打击武器密切配合，可发挥“杀手锏”功能，对战争的胜负起着至关重要的作用。一旦投入使用，可对敌产生巨大的战略威慑效果[9]。

3.2　情报侦察

（1）高危区域侦察。由于现代反卫星武器的发展，侦察卫星在战时面临被击落的风险，反隐身雷达的出现可以让隐身侦察机无法发挥作用，在这种情况下临近空间高超声速ISR平台更能凸显在战争中的优势，可用来弥补未来海战中的侦察缺口。当敌大中型水面舰船进入第一岛链与第二岛链之间广阔海域、南沙群岛周围海域时，对其进行抵近侦察，获取对方情报信息。

（2）时敏目标侦察。随着高超声速武器系统的面世，未来海战将会向着“全球化、实时化、精确化”作战的方向进一步发展，战场空间越来越广，作战距离越来越远，但作战节奏越来越快[10]，对侦察信息的时效性提出了更高的要求。因此，对冲突地区进行快速侦察，为作战指挥机构提供快速精确的情报资源保障显得尤为重要。

（3）广阔海域侦察。对第一岛链与第二岛链之间、南海、印度洋等广阔海域进行情报侦察，掌握我方利益相关海域海面动态，为相关军事行动提供实时、精确情报信息，可解决海上作战对大范围海上舰船目标态势建立的急需。

3.3　战场态势感知

在未来海战场上，临近空间高超声速ISR平台利用其灵活机动、高速的优势可以快速到达出事海域，向后方传出最新的战场实时态势[11]，为指挥中心提供及时、稳定、可靠的战场态势，符合高效、快速的现代战争要求。战时，对发生事态海域进行情报侦察，掌握相关海域战场态势，可为战场指挥官提供近实时的高清晰侦察图像。

3.4 目标指示

目前，远程快速打击武器正趋多样化，“打不着”的问题逐步得到解决，假如情报、监视和侦察等远程态势感知能力偏弱，“看不清”问题突出，将严重制约远程打击系统的作战效果。战时，临近空间高超声速 ISR 平台可突破敌方防空防御网，对敌航母编队进行临空侦察和精准定位，为己方远程精确打击装备提供目标指示信息，引导其对敌大型水面舰艇编队进行远程精确打击。

3.5 作战效果评估

目前，主要的作战效果评估均依赖于在敌方区域内卫星或侦察机对地观测和电子侦察，但这两种方法都有其固有的缺陷。为了及时准确地获取战场实际打击效果信息，更好地提高攻击效率，势必需要寻找更加有效的作战效果评估手段。临近空间高超声速 ISR 平台能利用其覆盖范围广、生存力高和反应快的特点，在对敌进行远程精确打击后，实施毁伤效果图像侦察，为下一步作战行动提供决策信息。

4 在未来海战中的应用

未来海上作战具有远程、快速、精确的特点，对 ISR 装备体系发展提出了新的要求，不仅要求航程远，而且要能快速到达目标区域。基于临近空间高超声速 ISR 平台的特点及其担负的作战任务，可在远海防卫作战、反封锁作战和反介入作战等未来海战的主要作战样式中发挥重要作用。

4.1 远海实时情报侦察

远海防卫战和反封锁将是海上未来战争的主要形式，需要具备在远海履行空海作战任务的能力。目前，随着“萨德”完成在韩部署，日本又决定从美国引进两套陆基“宙斯盾”系统，实际上在我国沿海周边已经构筑起了一道空中防线，意欲对我国进行全面封锁。战时，

航空 ISR 平台很难实现对强敌防空体系的突防，利用临近空间高超声速 ISR 平台的高生存能力获取高危区域海战场实时情报信息，是在未来海上作战中取得作战优势的关键环节。

从美空海一体战主要内容可知，以“致盲”对手为目的的侦察战是空海一体战的核心。在作战初始阶段，美国海空军将联合削弱对方的反太空能力，并致盲对方的相关天基系统，使之丧失目标锁定能力和打击效果评估能力，从而无法合理制定下一步攻击计划。从侦察力量体系看，目前主要的侦察手段是依赖于在敌方区域内的卫星或侦察机进行对海/对地观测和电子侦察，但这两种手段都有其固有的缺陷，主要是卫星侦察实时性和分辨率相对较弱，侦察机难以对高威胁区内的目标进行侦察。临近空间高超声速 ISR 平台可作为战略侦察平台，能快速远程突破敌方防空体系，快速机动进入敌方纵深进行侦察，准确把握整个战场态势的变化，并可与陆、海、空、天信息系统通过组网和联合方式，实现战场信息立体感知、快速感知和精确感知，为夺取战场制信息权提供有力保障。其作战概念如图 2 所示。

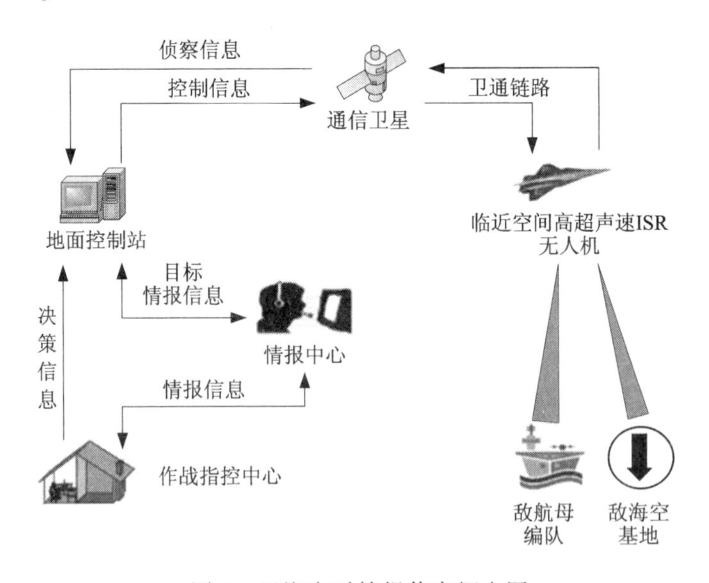

图 2　远海实时情报侦察概念图

高超声速侦察机具有突防能力强、被拦截概率低、能深入敌纵深进行侦察的特点，可按任务专门派出，在很短的时间内到达全球任何热点地区进行实时侦察，迅速提供信息保障[12]。可以在较短的时间内对特定区域的大型水面舰艇（雷达波探测）、潜艇（合成孔径雷达探测）及潜基、海基弹道导弹发射（红外探测）进行早期侦察，获取动态的实时战场情报。

4.2 引导高超声速打击武器进行远程精确打击

远程精确打击是反介入作战的主要作战样式，远程快速侦察和打击能力是实施远程精确打击的关键能力，相应地需要高超声速侦察飞机和高超声速巡航导弹相结合的远程制海武器体系。高超声速巡航导弹和反舰弹道导弹是新兴的反介入作战构成要素，是对航母作战最有威胁的武器。临近空间高超声速 ISR 平台是远程精确打击力量的主体，能对敌方航母进行抵近侦察和实时跟踪，向飞行中的反舰导弹提供最新目标定位信息，实时引导武器弹药对敌目标实施远程精确打击。

利用临近空间高超声速 ISR 平台的高生存能力，在需要对敌高威胁区内的高价值目标进行实时侦察或进行毁伤效果评估的情况下，通过进行快速机动，突破敌防御体系，并可根据需要及时调整位置，以获得最好的观测效果，获取高威胁区内高价值目标的近实时信息情报，以便为后续打击提供攻击引导。高超声速导弹接收临近空间高超声速 ISR 平台发送的目标数据，并在飞行过程中利用终端搜索设备对这些数据加以修正，最后对航母进行打击，也可由临近空间高超声速 ISR 飞行器对其进行直接引导对目标进行攻击，作战概念如图 3 所示。这些导弹的打击范围超过 2 000 km，将在 F/A-18E/F“超级大黄蜂”战斗/攻击机和 F-35C 战斗机的攻击范围之外对航母构成威胁，而这两种飞机目前为航母舰载机联队的主要攻击机。

远程精确打击能力作为未来反介入作战的重要手段，在未来区域战争冲突中扮演着重要的角色。利用临近空间高超声速 ISR 平台对第

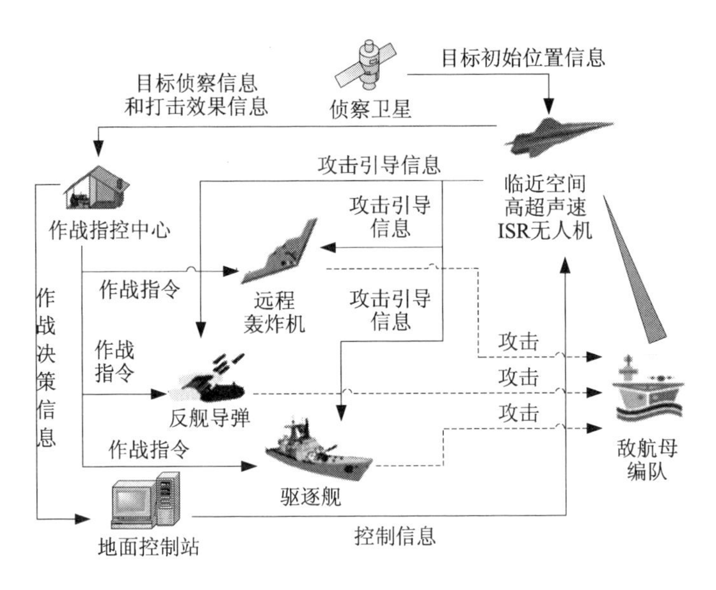

图 3　引导反舰导弹攻击航母编队的作战概念设计

一岛链以外的航母实施搜索、识别、攻击引导直至打击，能大幅提升远程反舰导弹的作战效能，从而大大提高中国在西太平洋和南海实施反介入战略的能力，使得今后域外强国军队更难介入亚洲冲突。

目前，我军对敌方航母编队的有效反介入能力还相对有限。如果能弥补远程快速精确侦察这块最大的短板，将大大增强反介入能力，把敌方航母编队拒止于第二岛链之外，大大降低敌方航母编队的威胁。

5　结束语

高新技术驱动下的未来海上战争正在发生深刻的变化，对 ISR 装备体系能力提出了新的需求。未来海战场上建立有效杀伤链的复杂程度越来越高，时间要求越来越短，精度要求也越来越高。尤其是分布式杀伤作战理念的提出，将极大地增加情报、监视与侦察的任务量和难度，给实施反介入作战方带来了新的挑战。实时准确的情报信息是取得战争胜利的基础，对敌海上目标实施远程、连续、全维的侦察监视是克敌制胜的前提条件。

临近空间高超声速 ISR 平台是未来海上联合作战的重要信息平台，

具有很高的情报侦察和信息战效能，研究其在未来海战中的应用具有重要的军事意义。临近空间高超声速 ISR 平台可按照作战需求随时起飞，能够快速远程突破敌方防空体系，快速到达任务区进行侦察，准确把握整个战场态势的变化，在防空反导能力越来越强、作战空间域越来越广、作战节奏越来越快、对情报信息的依赖度越来越高的未来海战中必将发挥不可替代的作用。

参考文献

[1] 冯志高，关成启，张红文．高超声速飞行器概论［M］．北京：北京理工大学出版社，2016.

[2] 洪延姬，金星，李小将，等．临近空间飞行器技术［M］．北京：国防工业出版社，2012.

[3] 乐嘉陵．高超声速技术及其在军事上的应用［J］．现代军事，2000（6）.

[4] 所俊，王虹斌，张凌江．临近空间飞行器在海军中的应用研究［J］．战术导弹技术，2010（2）.

[5] 徐勇勤，唐硕．高超声速武器攻防对抗分析［J］．弹箭与制导学报，2005，25（2）.

[6] 孙平，谷良贤．高超声速巡航导弹对雷达的突防分析［J］．弹箭与制导学报，2006，26（2）.

[7] 李文杰，牛文．高超声速打击武器突防能力浅探［J］．飞航导弹，2013（7）.

[8] 何炬恒，聂万胜，徐灿，等．临近空间侦察平台建设研究［J］．舰船电子对抗，2010，33（6）.

[9] 范阳涛，汪民乐，朱亚红，等．临近空间高超声速飞行器作战应用研究［J］．飞航导弹，2014（4）.

[10] 周新红．高超声速武器的发展与应用［J］．飞航导弹，2007（2）.

[11] 张冬青，陈英硕．吸气式高超声速飞行器在军事领域的应用［J］．飞航导弹，2007（9）.

[12] 笑天．高超声速飞行器的应用及关键技术［J］．现代军事，2004（12）.

基于反步的高超声速飞行器的容错跟踪控制

孟 尧 岑梦希

本文针对高超声速飞行器在参数不确定和执行器故障多重约束下的纵向控制问题，基于非线性干扰观测器，采用自适应反步控制方法和动态逆控制方法分别对高度子系统和速度子系统设计控制器。在控制器的设计过程中，针对高度子系统执行器故障和迟滞问题，引入自适应控制，实现了对执行器非线性的补偿。此外，针对常规反步法存在微分膨胀的问题，应用动态面控制技术以避免对虚拟控制量进行反复求导，简化了控制器的设计。然后，利用Lyapunov稳定性理论对飞行器控制系统稳定性进行分析。仿真结果表明该控制方案可以有效地补偿执行器非线性对系统的影响，设计的控制器能够使飞行器快速跟踪给定的参考轨迹。

引 言

高超声速飞行器一般指速度超过 5 马赫的飞机、导弹、炮弹之类的有翼或无翼飞行器，因其能有效进入临近空间和实现全球打击，故在军事和民用方面体现出很高的价值。然而为了实现超高速，大多数高超飞行器采用机体和发动机一体化的技术，从而导致了机体、气动和推进系统之间的强烈耦合；此外，由于飞行高度和飞行马赫数的跨度范围大，飞行环境复杂，使得采用轻质材料的飞行器机身在飞行中极易发生气动弹性震动，这些因素为高超声速飞行器模型的建立和控制系统的设计带来了极大挑战。此外，在飞行器运行中，执行器故障极大地影响了控制系统性能，更严重的会导致系统的不稳定。为了维持理想的控制性能，容错控制作为处理执行器故障的可靠方法引起了国内外学者的极大关注。根据冗余机构的使用方式，可以将容错控制分为主动容错和被动容错[1]。被动容错根据可能发生的故障设计鲁棒控制器[2]，而主动容错基于故障诊断的实时信息重构控制器，进而减少故障带来的不利影响[3]。尽管主动容错在设计控制器时不需要考虑故障的种类，且能得到优化的控制方案，但是需要准确故障的诊断信息以及足够的时间对故障进行分析和重构控制器。然而，因高超声速飞行器飞行速度快，故障复杂，需要在故障发生时更短的时间内做出反应，使得主动容错不能被广泛应用到容错控制系统设计中。文献［4］设计相应的干扰观测器估计由模型不确定、外界未知干扰和执行器故障组成的集成干扰，进而解决了执行器故障带来的不利影响。文献［5］设计自适应状态反馈控制方法补偿执行器故障，同时应用预设性能函数提高飞行器跟踪暂态性能。同时，因执行机构的物理特性，在驱动尾翼偏转时会有齿轮间隙，带来类迟滞的影响[6]。本文研究高超声速飞行器在故障和类迟滞约束下的跟踪控制问题，利用自适应反步控制方法和动态逆控制方法分别对子系统设计控制器，并引入动态面控制简化控制器设计。

1 物理模型

1.1 物理平面控制方程

采用由 Fiorentini 提出的高超声速飞行器纵向弹性模型[7]：

$$
\begin{cases}
\dot{V} = \dfrac{T\cos\alpha - D}{m} - g\sin\gamma \\
\dot{h} = V\sin\gamma \\
\dot{\gamma} = \dfrac{L + T\sin\alpha}{mV} - \dfrac{g\cos\gamma}{V} \\
\dot{\alpha} = Q - \dot{\gamma} \\
\dot{Q} = \dfrac{M}{I_{yy}} \\
\ddot{\eta}_i = -2\xi_i\omega_i\dot{\eta}_i - \omega_i^2\eta_i + N_i, i = 1,2,3
\end{cases}
\tag{1}
$$

式中，ξ_i 和 ω_i 分别表示弹性变量的阻尼比和自然频率；m 表示飞行器质量。为了消除尾翼偏转带来的升力的影响，在飞行器中加入鸭翼，且选取尾翼和鸭翼之间的关联增益 $k_{ec} = -C_L^{\delta_e}/C_L^{\delta_c}$。

为了方便控制器设计，同时不失一般性，将飞行器气动不确定性和弹性模态视为干扰，其动力学方程转化为严格反馈形式：

$$
\begin{cases}
\dot{V} = f_V + g_V\phi + d_V \\
\dot{h} = V\sin\gamma \\
\dot{\gamma} = f_\gamma + g_\gamma\alpha + d_\gamma \\
\dot{\alpha} = Q - (f_\gamma + g_\gamma\alpha + d_\gamma) \\
\dot{Q} = f_Q + g_Q\delta_e + d_Q
\end{cases}
\tag{2}
$$

式中，d_V，d_Q 和 d_γ 为包含气动不确定性和弹性模态的集成干扰。

1.2 执行器故障与类迟滞非线性模型

为了补偿执行机构故障，将扩张的两片尾翼作为两个执行器 δ_{e1} 和

δ_{e2}。因此，实际的控制输入可以表示为 $\delta_e = \sum_{i=1}^{L} b_i \delta_{ei}$，其中 b_i 为未知参数，由飞行器结构决定。在故障下的执行器 δ_{ei} 可以表示为

$$\delta_{ei} = \rho_i u_i + u_{\lambda i}$$

式中，u_i 为由控制器产生的控制信号；$\rho_i \in [0, 1]$ 表示执行器效率；$u_{\lambda i}$ 为加性故障。此外，气动控制面因物理结构的限制同时受到类迟滞非线性的影响。类迟滞非线性可表示为[6]

$$\frac{\mathrm{d}\omega}{\mathrm{d}t} = a\left|\frac{\mathrm{d}(v)}{\mathrm{d}t}\right|(cv - \omega) + B\frac{\mathrm{d}(v)}{\mathrm{d}t} \tag{3}$$

式中，v 和 ω 分别为类迟滞非线性的输入和输出；a 和 B 为正常数；$c>0$ 为类迟滞非线性的斜率，且满足 $c>B$。基于已有分析，方程（3）可以表示为

$$\omega(t) = cv(t) + \mathrm{d}(v) \tag{4}$$

其中，

$$\mathrm{d}_b(v) = [\omega_0 - cv_0]\mathrm{e}^{-a(v-v_0)\mathrm{sgn}\dot{v}} + \mathrm{e}^{-av\mathrm{sgn}\dot{v}}\int_{v_0}^{v}[B - c]\mathrm{e}^{a\xi\mathrm{sgn}\dot{v}}\mathrm{d}\xi \tag{5}$$

且 $d_b(v)$ 是有界的。其中 ξ 为积分变量。综合考虑执行器部分失效故障和类迟滞非线性，控制输入 δ_{ei} 可表示为

$$\delta_{ei} = c_i(\rho_i u_i + u_{\lambda i}) + \mathrm{d}_{bi} \tag{6}$$

综上所述，飞行器高度子系统实际控制输入 δ_e 可表示为

$$\delta_e = \sum_{i=1,\delta_{ei}\neq T}^{2} b_i[c_i(\rho_i u_i + u_{\lambda i}) + d_{bi}] + \sum_{i=1,\delta_{ei}=T}^{2} u_{\lambda i} \tag{7}$$

假设 1：函数 g_i 和 $f_i(i=V, \gamma, Q)$ 是有界的，且存在正常数 $\bar{g}_i$ 和 $\bar{f}_i$ 满足 $\bar{g}_i \geqslant |g_i| > 0$，$\bar{f}_i \geqslant |f_i| > 0$。

假设 2：集成干扰为慢时变，且存在很小的正常数 M_{d_i}，$i=V, \gamma, Q$ 满足 $|d_i| < M_{d_i}$。

引理 1：对于任意变量 s 和正常值 $b>0$，以下不等式总是成立的：$0 \leqslant |s| - s\tanh(s/b) \leqslant vb$，其中 $v=0.2758$。

2 控制器设计

2.1 基于动态面的高度跟踪控制器设计

设计控制器使得航迹倾角 γ 跟踪指令信号 γ_d，进而实现高度 h 的精确跟踪。高度子系统跟踪控制器设计分为三步。

第一步：根据式（2），对跟踪误差$\tilde{\gamma}=\gamma-\gamma_d$一阶求导得

$$\dot{\tilde{\gamma}} = f_\gamma + g_\gamma\alpha + d_\gamma - \dot{\gamma}_d \tag{8}$$

为了处理因气动不确定和弹性模态带来的集成干扰，设计如下非线性干扰观测器对其进行实时在线估计：

$$\begin{cases}\dot{p}_\gamma = -l_\gamma p_\gamma - l_\gamma(\lambda_\gamma + f_\gamma + g_\gamma\alpha) \\ \hat{d}_\gamma = p_\gamma + \lambda_\gamma\end{cases} \tag{9}$$

式中，l_γ 为非线性干扰观测器增益。为了简化控制器设计过程，根据已有的结论[8]，非线性干扰观测器的观测误差 $e_\gamma = d_\gamma - \hat{d}_\gamma$ 有界，且 $|e_\gamma| \leqslant M_{d_\gamma}/l_\gamma$。根据假设 1，函数 g_γ 不会取到 0 点，为了使航迹倾角误差$\tilde{\gamma}\to 0$，选取如下的虚拟控制律：

$$\alpha_c = g_\gamma^{-1}(-k_\gamma\tilde{\gamma} - f_\gamma - \hat{d}_\gamma + \dot{\gamma}_d) \tag{10}$$

显然，虚拟控制律随着系统阶数的增加，对其求导变得异常复杂。为了弥补这一点，引入动态面控制[9,10]来解决传统反步控制中的微分爆炸问题。让虚拟控制律 α_c 通过如下一阶滤波器得到其微分估计值：

$$\tau_\alpha\dot{\alpha}_d + \alpha_d = \alpha_c \tag{11}$$

进而，将式（10）和式（11）代入式（8）可得

$$\dot{\tilde{\gamma}} = -k_\gamma\tilde{\gamma} + e_\gamma + g_\gamma y_\alpha + \tilde{\alpha} \tag{12}$$

式中，$\tilde{\alpha}$为攻角的跟踪误差，$\tilde{\alpha}=\alpha-\alpha_d$；$y_\alpha$ 为虚拟控制律的估计误差，$y_\alpha=\alpha_d-\alpha_c$；$k_\gamma$ 为航迹倾角的跟踪控制增益。定义 Lyapunov 函数：

$$L_\gamma = \frac{1}{2}\tilde{\gamma}^2 + \frac{1}{2}y_\alpha^2 \tag{13}$$

对 L_γ 在时间上求导，同时将式（12）代入得

$$\dot{L}_\gamma = -k_\gamma\tilde{\gamma}^2 + \tilde{\gamma}e_\gamma + \tilde{\gamma}g_\gamma y_\alpha + \tilde{\gamma}\tilde{\alpha} + y_\alpha(\dot{\alpha}_d - \dot{\alpha}_c) \tag{14}$$

第二步：对攻角跟踪误差求导可得

$$\dot{\tilde{\alpha}} = Q - (f_\gamma + g_\gamma\alpha + d_\gamma) - \dot{\alpha}_d \tag{15}$$

d_γ 在第一步中已设计干扰观测器得到其观测值$\hat{d}_\gamma$。类似的，设计虚拟控制律 Q_c：

$$Q_c = -k_\alpha\dot{\alpha} + (f_\gamma + g_\gamma\alpha + \hat{d}_\gamma) + \dot{\alpha}_d \tag{16}$$

进而应用动态面技术，攻角跟踪误差的一阶导数可计算成

$$\dot{\tilde{\alpha}} = -k_\alpha\tilde{\alpha} - e_\gamma + \tilde{Q} + y_Q \tag{17}$$

式中，$y_Q = Q_d - Q_c$；k_α 为控制器增益；z_u 将会在下一步给出。定义 Lyapunov 函数：

$$L_\alpha = \frac{1}{2}\tilde{\alpha}^2 + \frac{1}{2}y_Q^2 \tag{18}$$

对 L_α 求导，并将式（17）代入得

$$\dot{L}_\alpha = -k_\alpha\tilde{\alpha}^2 - \tilde{\alpha}e_\gamma + \tilde{\alpha}\tilde{Q} + y_Q(\dot{Q}_d - \dot{Q}_c) \tag{19}$$

第三步：通过简单的计算，可以得到 $\tilde{Q} = Q - Q_d$ 的导数为

$$\dot{\tilde{Q}} = f_Q + g_Q\left(\sum_{i=1,\delta_{ei}\neq T}^{2} b_i(c_i\delta_{ei} + d_{bi}) + \sum_{i=1,\delta_{ei}=T}^{2} b_i u_{\lambda i}\right) - \dot{\tilde{Q}}_d + d_Q \tag{20}$$

考虑执行器故障，δ_{ei}可以表示为

$$\delta_{ei} = \rho_i u_i + u_{\lambda i} \tag{21}$$

假设执行器故障的类型和故障值已知，通过选择以下控制器结构得到理想的控制器：

$$u_i = \lambda_{1i}u_0 + \lambda_{2i} \tag{22}$$

式中，λ_{1i} 和 λ_{2i} 是满足以下匹配条件的常数：

$$\begin{cases} \sum_{i=1,\delta_{ei}\neq T}^{2} c_i b_i \rho_i \lambda_{1i} = 1 \\ \sum_{i=1,\delta_{ei}\neq T}^{2} c_i b_i \rho_i \lambda_{2i} = \sum_{i=1,\delta_{ei}=T}^{2} b_i u_{\lambda i} \end{cases} \tag{23}$$

如果 b_i 和执行器故障都已知，很容易解算出 λ_{1i}和 λ_{2i}。同时，类迟滞

非线性中的未知参数 c_i 也包含在匹配条件中。然而，在实际工程中，无论是执行器故障还是故障时间都是未知的，所以 λ_{1i} 和 λ_{2i} 不能从以上的匹配条件中直接得到。因此，需要对参数 λ_{1i} 和 λ_{2i} 设计虚拟控制律对其估计：

$$u_i = \hat{\lambda}_{1i} u_0 + \hat{\lambda}_{2i} \tag{24}$$

式中，$\hat{\lambda}_{1i}$ 和 $\hat{\lambda}_{2i}$ 分别表示 λ_{1i} 和 λ_{2i} 的估计值。根据已有的结论，λ_{1i} 和 λ_{2i} 总是存在的，且可以设计相应的自适应律进而得到其估计值 $\hat{\lambda}_{1i}$ 和 $\hat{\lambda}_{2i}$。将式（21）和式（24）代入式（20）得到

$$\dot{\tilde{Q}} = f_Q + g_Q u_0 + g_Q \sum_{i=1,\delta_{ei}\neq T}^{2} b_i d_{bi} + g_Q \sum_{i=1,\delta_{ei}\neq T}^{2} c_i b_i \rho_i (\tilde{\lambda}_{1i} u_0 + \tilde{\lambda}_{2i}) - \dot{\tilde{Q}}_d + d_Q$$

式中，$\tilde{\lambda}_{1i} = \hat{\lambda}_{1i} - \lambda_{1i}$ 和 $\tilde{\lambda}_{2i} = \hat{\lambda}_{2i} - \lambda_{2i}$。根据方程（5），存在正常数 D_Q，满足 $\left| \sum_{i=1,\delta_{ei}\neq T}^{2} b_i d_{bi} \right| \leqslant D_Q$。因此，控制输入 u_0 可设计为

$$u_0 = \frac{1}{g_Q}\left[-f_Q + \dot{\tilde{Q}}_d - g_Q \hat{D}_Q \tanh\left(\frac{\tilde{Q} g_Q}{b}\right) - k_3 \tilde{Q} - \tilde{\alpha} - \hat{d}_Q \right] \tag{25}$$

式中，k_3 为控制增益；tanh 为双曲正切函数；$\hat{D}_Q$ 和 $\hat{d}_Q$ 分别为 D_Q 和 d_3 的估计值。未知参数自适应律选取为

$$\begin{cases} \dot{\hat{\lambda}}_{1i} = -l_{1i}^{-1} \sin(b_i) g_Q \tilde{Q} u_0 + l_{1i}^{-1} l_{2i} (\hat{\lambda}_{1i} - \lambda_{1i0}) \\ \dot{\hat{\lambda}}_{2i} = -l_{3i}^{-1} \sin(b_i) g_Q \tilde{Q} + l_{3i}^{-1} l_{4i} (\hat{\lambda}_{2i} - \lambda_{2i0}) \\ \dot{\hat{D}}_Q = l_{Q_1}^{-1} \tilde{Q} g_Q \tanh\left(\frac{g_Q \tilde{Q}}{b}\right) - l_{Q_1}^{-1} l_{Q_2} (\hat{D}_Q - D_{Q0}) \end{cases} \tag{26}$$

式中，l_{1i}，l_{2i} 和 l_{3i} 为设计参数；$\hat{\lambda}_{1i0}$，$\hat{\lambda}_{2i0}$ 和 D_{Q0} 为正常数，当无法获取精确地先验知识时，可以设为 0。定义 Lyapunov 函数

$$L_Q = \frac{1}{2}\tilde{Q}^2 + \frac{1}{2} l_{Q_1} \tilde{D}_Q^2 + \frac{1}{2} l_{1i} \sum_{i=1,\delta_{ei}\neq T}^{2} c_i \mid b_i \mid \rho_i \tilde{\lambda}_{1i}^2 +$$

$$\frac{1}{2}l_{3i}\sum_{i=1,\delta_{ei}\neq T}^{2}c_i\mid b_i\mid\rho_i\tilde{\lambda}_{2i}^2 \tag{27}$$

式中，$\tilde{D}_Q = D_Q - \hat{D}_Q$。对 L_Q 在时间上求导并将式(25)和式(26)代入得

$$\begin{aligned}\dot{L}_Q = & -k_3\tilde{Q}^2+\tilde{Q}g_Q\sum_{i=1,\delta_{ei}\neq T}^{2}b_i d+l_{3i}g_Q\sum_{i=1,\delta_{ei}\neq T}^{2}c_i\mid b_i\mid\rho_i\tilde{\lambda}_{2i}\dot{\hat{\lambda}}_{2i}- \\ & l_{Q1}\tilde{D}_Q\dot{\hat{D}}_Q-\tilde{Q}\tilde{\alpha}+l_{1i}g_Q\sum_{i=1,\delta_{ei}\neq T}^{2}c_i\mid b_i\mid\rho_i\tilde{\lambda}_{1i}\dot{\hat{\lambda}}_{1i}+ \\ & \tilde{Q}e_Q-\tilde{Q}g_Q\hat{D}_Q\tanh\left(\frac{\tilde{Q}g_Q}{b}\right)+\tilde{Q}g_Q\sum_{i=1,\delta_{ei}\neq T}^{2}c_i b_i\rho_i(\tilde{\lambda}_{1i}u_0+\tilde{\lambda}_{2i})\end{aligned} \tag{28}$$

2.2 速度子系统控制器设计

根据式（2），对速度跟踪误差 $\tilde{V} = V - V_{\text{ref}}$ 一阶求导得

$$\dot{\tilde{V}} = f_V + g_V\phi + d_V - \dot{V}_{\text{ref}} \tag{29}$$

式中，V_{ref}为跟踪指令信号，且一阶导数有界。定义 Lyapunov 函数

$$\Gamma_V = \frac{1}{2}\tilde{V}^2 \tag{30}$$

对其求一阶导，并将式（29）代入得

$$\dot{\Gamma}_V = \tilde{V}(f_V + g_V\phi_c + d_V - \dot{V}_{\text{ref}}) \tag{31}$$

根据式（31），应用非线性动态逆技术，控制输入 ϕ_c 设计为

$$\phi_c = g_V^{-1}(-k_V\tilde{V} - f_V - \hat{d}_V + \tilde{V}_{\text{ref}}) \tag{32}$$

将式（29）和式（32）代入（31），可得

$$\dot{\Gamma}_V = -k_V\tilde{V} + \tilde{V}e_V \tag{33}$$

式中，k_V 为正常数。

3 稳定性分析

为了研究系统的稳定性，针对飞行器纵向控制系统，定义 Lyapunov 函数

$$V = \Gamma_V + L_\gamma + L_\alpha + L_Q \tag{34}$$

对 L 求导，并将式（14）、式（19）、式（28）和式（33）代入得到

$$\begin{aligned}\dot{V} = & -k_V \tilde{V} + \tilde{V} e_V - k_\gamma \tilde{\gamma}^2 + \tilde{\gamma} e_\gamma + \tilde{\gamma} g_\gamma y_\alpha + \\ & \tilde{\gamma} \tilde{\alpha} + y_\alpha (\dot{\alpha}_d - \dot{\alpha}_c) - k_\alpha \tilde{\alpha}^2 - \tilde{\alpha} e_\gamma + \\ & \tilde{\alpha} \tilde{Q} + y_Q (\dot{Q}_d - \dot{Q}_c) - k_3 \tilde{Q}^2 + \tilde{Q} g_Q \sum_{i=1,\delta_{ei} \neq T}^{2} b_i d + \\ & \tilde{Q} g_Q \sum_{i=1,\delta_{ei} \neq T}^{2} c_i b_i \rho_i (\tilde{\lambda}_{1i} u_0 + \tilde{\lambda}_{2i}) - l_{Q_1} \tilde{D}_Q \dot{\hat{D}}_Q - \\ & \tilde{Q} g_Q \hat{D}_Q \tanh\left(\frac{\tilde{x}_4 g_Q}{b}\right) + l_{1i} g_Q \sum_{i=1,\delta_{ei} \neq T}^{2} c_i | b_i | \rho_i \tilde{\lambda}_{1i} \dot{\hat{\lambda}}_{1i} + \\ & \tilde{Q} e_Q - \tilde{Q} \tilde{\alpha} + l_{3i} g_Q \sum_{i=1,\delta_{ei} \neq T}^{2} c_i | b_i | \rho_i \tilde{\lambda}_{2i} \dot{\hat{\lambda}}_{2i}\end{aligned} \tag{35}$$

将自适应律（26）代入式（35）。同时，正如式（35）所示，$\dot{\alpha}_e$ 和 $\dot{Q}_c$ 分别为虚拟控制律 α_c 和 Q_c 的一阶导数。通过复杂但直接的计算，可知存在连续函数 η_α 和 η_Q：

$$\begin{cases} \dot{\alpha}_c \leqslant \eta_\alpha \\ \dot{Q}_c \leqslant \eta_Q \end{cases} \tag{36}$$

通过式（11）中对一阶滤波器的定义，经计算可得 $x = \{Q, \alpha\}$：

$$\dot{x}_d = -\frac{y_x}{\tau_x} \tag{37}$$

式中，$\dot{x}_d$ 为虚拟控制变量 x_d 的导数。将式（36）和式（37）代入式（35），同时应用引理 1 可得

$$\begin{aligned}\dot{V} \leqslant & -\left(k_V - \frac{1}{2}\right)\tilde{V}^2 - (k_\gamma - 1)\tilde{\gamma}^2 - (k_\alpha - 1)\tilde{\alpha}^2 - \\ & \left(k_4 - \frac{1}{2}\right)\tilde{Q}^2 - y_\alpha^2\left(\frac{1}{\tau_\alpha} - \frac{1}{2} - \frac{\eta_\alpha^2}{2\sigma}\right) - \\ & \frac{1}{2} l_{Q_2} \tilde{D}_Q^2 - y_Q^2\left(\frac{1}{\tau_Q} - \frac{1}{2} - \frac{\eta_Q^2}{2\sigma}\right) - \\ & \frac{1}{2} l_{2i} \sum_{i=1,\delta_{ei} \neq T}^{2} c_i | b_i | \rho_i \tilde{\lambda}_{1i}^2 -\end{aligned}$$

$$\frac{1}{2}l_{4i}\sum_{i=1,\delta_{ei}\neq T}^{2}c_i\mid b_i\mid\rho_i\tilde{\lambda}_{2i}^2+M_1 \tag{38}$$

式中，σ 为任意正常数，且

$$M_1=\frac{1}{2}l_{Q_2}(D_Q-D_{Q0})^2+$$

$$\frac{1}{2}l_{2i}\sum_{i=1,\delta_{ei}\neq T}^{2}c_i\mid b_i\mid\rho_i(\lambda_{1i}-\lambda_{1i0})^2+$$

$$\frac{1}{2}l_{4i}\sum_{i=1,\delta_{ei}\neq T}^{2}c_i\mid b_i\mid\rho_i(\lambda_{2i}-\lambda_{2i0})^2+$$

$$D_Qvb+\frac{1}{2}e_V^2+\sigma+\frac{1}{2}e_\gamma^2+\frac{1}{2}e_V^2+\frac{1}{2}e_Q^2$$

定理：针对执行器故障和参数不确定的高超声速飞行器系统，基于动态面控制和自适应反步控制，对于所有初始条件满足 $V_a(0)\leqslant p$，存在控制器参数 k_1，k_2，k_3 和 τ_α，τ_O，使得系统跟踪误差最终一致有界。

证明：考虑集合 $A:=\{\tilde{V}^2+\tilde{\gamma}^2+\tilde{\alpha}^2+\tilde{Q}^2+y_i^2<2p,i=\alpha,Q\}$ 为紧致集，所以光滑连续函数，存在最大值，且最大值定义为 M_i，$i=\alpha$，Q。通过前面的分析，为了保证系统稳定性，控制器参数根据以下不等式进行选取：取 $a_0>0$，在设计控制器中的控制参数选取为

$$\begin{cases}k_V>\frac{1}{2}+\frac{1}{2}a_0,k_Q>\frac{1}{2}+\frac{1}{2}a_0\\ k_\alpha>1+\frac{1}{2}a_0,k_\gamma>\frac{1}{2}+\frac{1}{2}a_0\\ \frac{1}{\tau_\alpha}\geqslant\frac{1}{2}+\frac{M_\alpha^2}{2}+a_0,\frac{1}{\tau_Q}\geqslant\frac{1}{2}+\frac{M_Q^2}{2}+a_0\end{cases} \tag{39}$$

将式（39）代入式（38），进而整理得

$$\dot{V}\leqslant-\underline{a}_0V+M_1 \tag{40}$$

式中，$\underline{a}_0=\min\{a_0,l_{Q_2}/l_{Q_1},l_{2i}/l_{1i},l_{4i}/l_{3i}\}$。当 $\underline{a}_0\geqslant M/p$ 时，$\dot{L}\leqslant0$ 总是成立的。因此，$\tilde{V}$和$\tilde{\gamma}$是最终一致有界。通过合理选择控制器参数，跟踪误差收敛到 0 附近很小的区域内。

4 仿真结果分析

对高超声速飞行器纵向控制系统进行仿真验证。速度和高度指令信号初始值选取为 $V(0)=7\ 850$ ft/s 和 $h(0)=86\ 000$ ft，同时，最终值分别选取为 $V(\infty)=9\ 850$ ft/s 和 $h(\infty)=96\ 000$ ft。指令信号 V_{ref}和h_{ref}的产生都是由阶跃信号通过前置二阶滤波器得到，其中，二阶滤波器的阻尼比和自然频率分别选取为 0.95 rad/s 和 0.03 rad/s。攻角和俯仰角初始值都选取为 3.5°，尾翼偏转角的初始值为 0°和推力的燃油当量比初始值为 0.05。控制器参数以及仿真初始值如表 1 所示。

表 1 控制器参数选取

控制参数	自适应参数
$k_V=2, \tau_\alpha=0.1$	$l_{31}=0.1, l_{41}=0$
$k_\alpha=3, k_Q=5$	$l_{11}=5, l_{12}=3$
$\tau_Q=0.1, k_\gamma=1$	$l_{21}=0, l_{22}=0$
$l_{Q1}=1, l_Q=8$	$l_\gamma=5, l_{32}=0.1$
$l_{Q2}=30 \quad D_{Q0}=3\times10^{-3}$	$l_V=4, l_{42}=0$

考虑飞行器执行器故障 $\delta_{ei}=\rho_i u_i+u_{\lambda i}$，为了方便表示，记 $\rho_1=e_1$，$u_{\lambda 1}=e_2$，$\rho_2=e_3$，$u_{\lambda 2}=e_4$，进而在不同的故障下对控制器仿真验证。δ_{e1}和 δ_{e2} 的故障时间分别设置在 10 s 和 25 s，仿真结果如图 1 ~ 图 7 所示。图 1 和图 2 分别给出了飞行器高度和速度的跟踪误差。如图 1 所示，飞行器在故障和迟滞非线性约束下，跟踪误差仍能保持在 ±10 m 范围内，说明控制器对执行机构非线性具有很强的鲁棒性，能在多种约束下精准地完成跟踪任务。图 3 ~ 图 5 给出在不同故障下尾翼偏转曲线。如图 4 和图 5 所示，在故障发生时，通过自适应控制器对参数的快速调整，弥补了故障对飞行器带来的影响。图 6 ~ 图 8 给出了飞行器状态攻角、航迹角和俯仰角的仿真曲线。从图中可看出，当故障发生时通过对控制输入参数的调整，状态仅发生了很小的振荡，进一步说明了所设计控制器能使飞行器具有很好的稳定性。

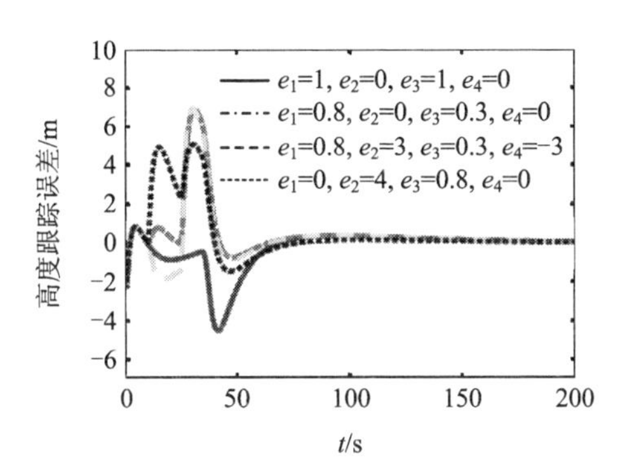

图 1 高度跟踪误差曲线

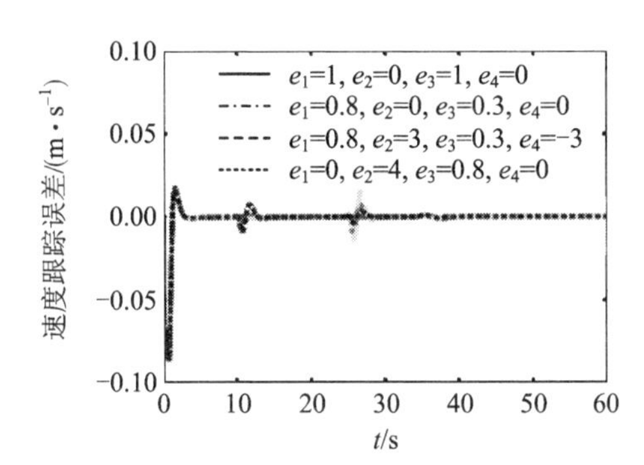

图 2 速度跟踪误差曲线

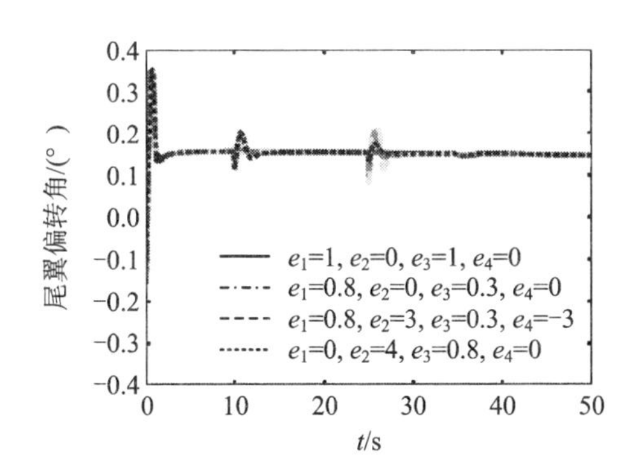

图 3 尾翼偏转角度曲线

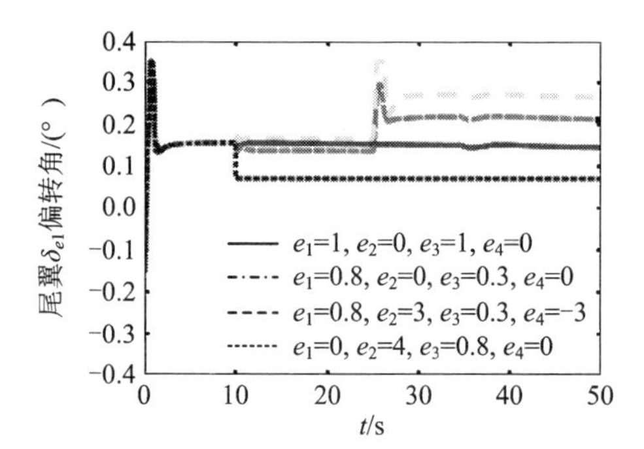

图 4　尾翼 δ_{e1} 偏转角度曲线

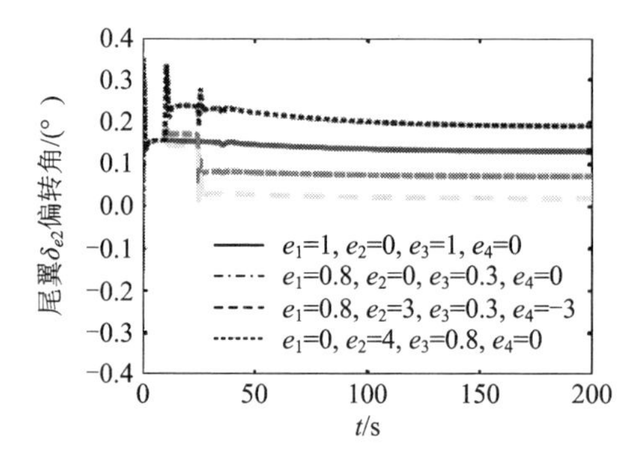

图 5　尾翼 δ_{e2} 偏转角度曲线

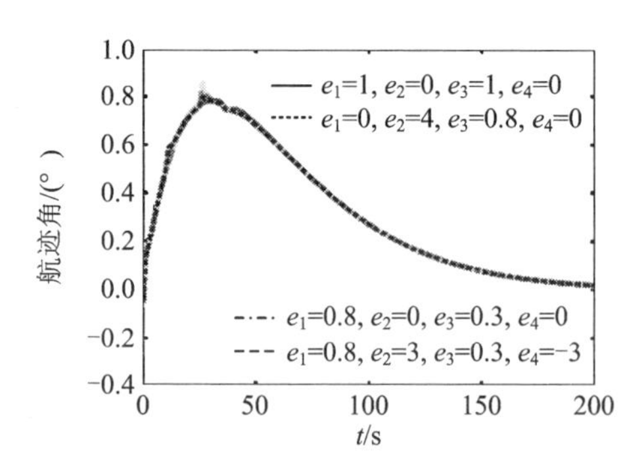

图 6　航迹角曲线

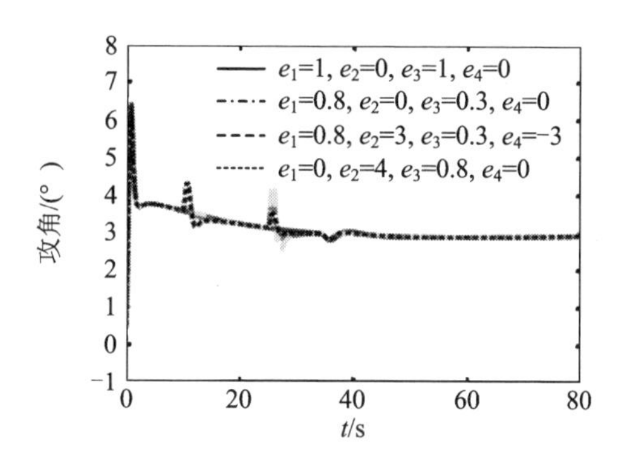

图 7　攻角曲线

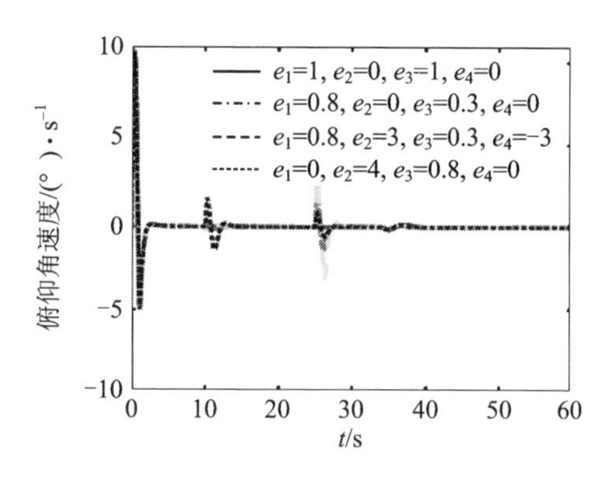

图 8　俯仰角速度曲线

5　结束语

本文研究了在执行器故障、类迟滞非线性多约束下的飞行器跟踪控制问题。采用本文所设计控制器，对高超声速飞行器在多重约束下进行仿真验证，仿真结果表明飞行器在多种故障下飞行器仍能很好地跟踪指令，同时保证状态发生很小的振荡。在以往研究中只是考虑单约束即执行器故障，没有对执行器的类迟滞非线性进行深入研究，本文弥补了此项不足。因迟滞非线性在实际应用中不可避免，进而需要设计相应的控制律减小其对飞行器飞行性能的影响。但迟滞非线性复杂，建模困难，所以本文采用近似模型，削弱其不良影响。为了进一步削减迟滞带来的影响，应加强对其建模的研究，也是控制器设计所需的必不可少的环节。

参考文献

[1] Zhang Y M, Jiang J. Bibliographical review on reconfigurable fault-tolerant control systems [J]. Annual Reviews in Control, 2008, 32 (2).

[2] Hu Q L, Shao X D. Smooth finite-time fault-tolerant attitude tracking control for rigid spacecraft [J]. Aerospace Science and Technology, 2016 (55).

[3] Noura H, Sauter D, Hamelin F. Fault-tolerant control in dynamic systems: Application to a winding machine [J]. IEEE Control Systems Magazine, 2000, 20 (1).

[4] An H, Liu J, Wang C. Approximate back-stepping fault tolerant control of the flexible air-breathing hypersonic vehicle [J]. IEEE/ASME Transactions on Mechatronics, 2016, 21 (3).

[5] Wang W, Wen C Y. Adaptive actuator failure compensation control of uncertain nonlinear systems with guaranteed transient performance [J]. Automatica, 2010, 46 (12).

[6] Su C Y, Stepanenko, Svoboda J. Robust adaptive control of a class of nonlinear systems with unknown backlash-like hysteresis [J]. IEEE Transactions on Automatic Control, 2000, 45 (12).

[7] Fiorentini L, Serrani A, Bolender M A. Nonlinear robust adaptive control of flexible air-breathing hypersonic vehicles [J]. Journal of Guidance, Control, and Dynamics, 2009, 32 (2).

[8] Chen W H, Guo L. Analysis of disturbance observer based control for nonlinear systems under disturbances with bounded variation [C]. Proceedings of International Conference on Control, 2004 (3).

[9] Swaroop D, Hedrick J K, Yip P P, et al. Dynamic surface control for a class of nonlinear systems [J]. IEEE Transactions on Automatic Control, 2000, 45 (10).

[10] Swaroop D, Gerdes J C, Yip P P, et al. Dynamic surface control of nonlinear systems [C]. American Control Conference, 2000 (5).

吸气式高超声速飞行器控制技术研究综述

王鹏飞　王光明　吴豫杰　蔡美静

本文针对吸气式高超声速飞行器的控制系统设计问题，对其研究现状进行了梳理。从分析吸气式高超声速飞行器的独特动力学特征入手，总结吸气式高超声速飞行器控制系统设计的特点和难点。基于主流的建模方法和飞行控制理论，从动力学建模和控制器构造两个方面对吸气式高超声速飞行器控制系统的研究现状进行了分析。对当前吸气式高超声速飞行器控制系统研究存在的主要问题进行了总结，为后续的控制系统设计明确了改进方向。

引　言

吸气式高超声速飞行器（Air-breathing Hypersonic Vehicle，AHV）因其重要的战略地位已经成为各国争夺空天权所关注的焦点。保证AHV实用化的一个关键问题是飞行控制系统设计。然而，由于AHV通常采用超燃冲压发动机与机身一体化设计，导致其呈现出强非线性、快时变、强耦合及高度的不确定性等复杂的动力学特征。因此，传统的控制策略难以直接应用于AHV的控制系统设计，如何实现AHV的有效控制已成为控制科学领域中一项十分具有挑战性的课题。

1　AHV动力学特性分析

AHV控制系统的设计相比传统的飞行器有着显著区别，图1所示为高超声速飞行器所涉及多学科的相互关系，其中底部的推进系统代表超燃冲压发动机、燃烧室、内部流动及边界层振动之间的相互作用。对于传统飞行器的控制系统设计，只需研究推进系统与空气动力学对控制的影响即可；但是对于AHV来说，则需综合考虑空气动力学、热力学、惯性力学、弹性力学及推进系统对控制的影响，这些学科的相互交叉给AHV的发展和应用带来了巨大挑战。总的来说，相比传统的低速飞行器，AHV具有以下几个显著的动力学特征。

1.1　气动/热/弹性/推进交叉耦合

AHV多采用机身与发动机一体化设计方案[1]。高速而来的气流在飞行器前机身下表面形成附体激波，使得该区域构成高压区，成为预压缩面为进气道提供高品质的进气口流场。机身后部为斜坡面，能够作为发动机尾喷管的延伸，发动机喷出的气流在该区域进一步膨胀产生推力。从文献［1］的研究结论可以发现，通过一体化设计可以显著提升发动机的推进性能。但正是由于高超声速飞行器这种特殊的气动布局设计，使得飞行器的动力学系统呈现出气动/热/弹性/推进之间相互耦合的复杂特性，如图2所示。

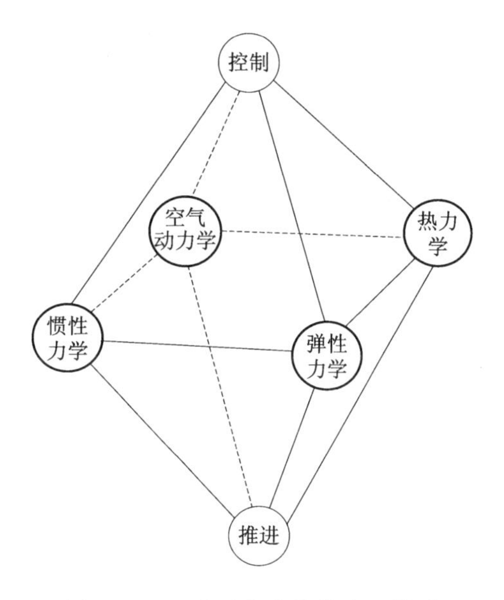

图 1　AHV 涉及的多学科交叉关系

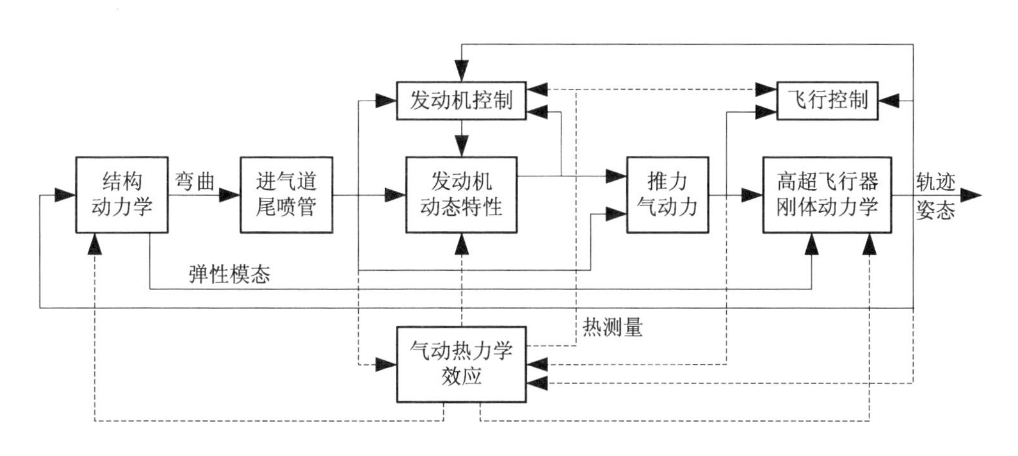

图 2　AHV 气动/热/弹性/推进之间耦合关系

1.2　高度不确定性和非线性

AHV 的动力学模型具有高度的不确定性和非线性，主要体现在以下三个方面：一是由于目前尚未积累足够的 AHV 飞行试验数据，使得现有的飞行器模型尚不够精确，加之 AHV 自身动力学系统中的耦合关系复杂，因此难以预测不同工况下的气动特性；二是剧烈的气动加热导致 AHV 的结构和固有振动频率发生未知变化，这将大大影响飞行器的动力学特征；三是 AHV 飞行包线大，不同空域的气动力特性有显著的不同，因此导致模型中的气动参数值发生剧烈变化，使得动力学模型呈现出很强的非线性特征和模型不确定性。此外，高空飞行中常会遇到难以预测的干扰，这些外界随机扰动很有可能导致执行机构出现瞬时饱和。

1.3 非最小相位行为

由于 AHV 的动力学系统中含有右半平面的零点，因此动力学系统中存在非最小相位行为。这主要是因为当飞行器的升降舵偏转提供俯仰力矩时，还在航迹角和迎角子系统中引入了升力项，该升力项对于姿态角的调整起反向作用。非最小相位行为的存在限制了升降舵偏角——攻角的控制带宽，然而燃料当量比的限制又要求升降舵偏角必须获得攻角的快速响应。因此，非最小相位行为的存在使得飞行器更难实现稳定的控制。此外，非最小相位行为还会带来一定的相位滞后，从而影响控制系统的稳定性。

2 AHV 控制研究现状

2.1 动力学建模研究

如何建立准确反映高超声速飞行器动力学特性的数学模型，是进行控制器设计的前提。该领域内最早开展相关工作的是 Shaughnessy 等人[2]，他们的研究目标是针对单级入轨的锥形体高超声速飞行器建立动力学模型。但是由于锥形体本身的结构特性限制及该模型未考虑气动弹性影响，因此现在的研究主要集中于其他模型。基于 Shaughnessy 等人的工作，Schmidt 及其团队改进了高超声速飞行器的动力学模型[3]。该模型考虑了机身、发动机和结构动力学对俯仰高度控制的影响。研究表明，设计合适的控制策略改变燃料当量比以保证燃烧的稳定性是十分必要的。此外，该研究还表明在机身、推进系统和弹性模态之间存在强烈的耦合。

进一步，Chavez 和 Schmidt 基于拉格朗日方程建立了吸气式高超声速飞行器一体化解析式模型，通过理论力学详细描述了高超声速飞行器刚体运动与结构弹性振动之间的耦合关系[4]。该研究表明吸气式高超声速飞行器同时受到空气动力和推力的耦合影响，飞行器机身发生的弹性形变和飞行器俯仰响应都会影响推进系统的进气和排气效率。如果在模型中不考虑这一问题，将会给发动机的正常工作带来未知扰动。该模型的缺陷在于模型是基于二维牛顿碰撞理论来描述空气动力产生的压力分布，但是近些年的相关成果表明，二维牛顿碰撞理论不能够准确反映所有飞行条件下的激波位置分布。

为充分反映结构弹性振动的动力特征，Bilimoria 和 Schmidt 基于两端无约束自由梁的假设，建立了高超声速飞行器的弹性体模型[5]。该模型将刚体运动、弹性形变、流体流动、阵风扰动及地球曲率等多种因素考虑在内，构建了一套实用的运动学方程。该研究表明，高超声速飞行器在空气动力、力矩与飞行弹性形变之间存在强烈的耦合关系。

Mirmirani 等人基于计算流体力学（Computational Fluid Dynamics，CFD）构建了动力学模型[6,7]。该模型以 X-43A 的外形为参考，对吸气式高超声速飞行器的气动特性及其耦合机理进行了深入分析，研究分析了不同工况下的气动力和气动力矩。结果显示在俯仰力矩和推进系统之间存在强烈的耦合效应，当超燃冲压发动机推力减小时会产生一个抬头的俯仰力矩，当推力增加时会产生一个低头的俯仰力矩，这是因为当飞行器减速时尾部产生的升力会增加。此外，研究还表明推力和攻角之间也存在强烈的耦合关系。负攻角下的推力要大于正攻角下的推力，这主要是由于激波分布位置不同造成的。当姿态为负攻角时，激波的位置位于超燃冲压发动机进气道更深的位置，而正攻角时则有部分激波不能被进气道捕获，因而导致进气量减少，推力下降。但是由于该模型单纯采用 CFD 软件和工程预估方法建立模型，因而数据的可信度较低。

在上述研究的基础上，美国空军研究实验室的 Bolender 和 Doman 以 X-43A 作为建模对象，建立了气动/推进/结构耦合的高超声速飞行器纵向一体化解析模型[8]，该模型已被广泛应用于吸气式高超声速飞行器飞行控制研究。区别于 Bilimoria 和 Schmidt 基于两端无约束自由梁的假设，Bolender 和 Doman 将飞行器机身近似看成一根自由 Euler-Bernouli 梁，构建的弹性模态方程引入了 6 个弹性变量来描述弹性问题，较为准确和全面地刻画了高超飞行器弹性振动的动力学特征。在 Bolender 和 Doman 的基础上，Parker 忽略模型中一些弱耦合，建立了面向控制的高超声速飞行器参数拟合模型[9]，更便于控制器的设计。

在高超声速飞行器动力学建模与特性分析方面，我国科学工作者也做出了诸多贡献。吴宏鑫院士提出了面向工程化的特征建模方法，并对特征建模方法进行了深入系统的研究[10]。特征建模的思想是根据受控对象和控制目标，用一个低阶线性离散慢时变系统来代替包含不确定性的高阶线性/非线性系统。该方法已被广泛应用于我国各类航天器的控制中，但对模型的参数辨识有一定困难。孟斌等[11]针对飞行器姿态动力学中具有的三角形式的仿射非线性系统，引入非线性系统的时间尺度和一类与系统状态有关的压缩函数，给出将动力学压缩到特征模型参数中的一般方法，并且给出了特征模型的参数范围及其极限。所建立的特征模型的建模误差可以按照控制精度的要求任意小，表明了特征建模和一般模型降阶方法是不同的，该方法并不丢失系统信息。

2.2 控制理论研究

2.2.1 增益调度控制

增益调度法是一种技术成熟，不受计算机速度限制的控制系统设计方法，该方法已被诸多传统飞行器控制系统所采用。其基本思想是利用多个线性控制器来近似所需要的非线性控制器。增益调度法存在以下几点局限性：一是控制系统缺少闭环系统的反馈，使得系统的鲁棒性较弱；二是在设计点进行的近似线性化会产生建模误差。对于高机动性能的飞行器来说，其严重的非线性会对控制系统的动态响应产生很大的影响，因此增益调度方法的应用受到很大限制。

NASA 利用增益调度法设计了控制器用于 X-43A 高超声速飞行器的飞行试验，并在 2004 年进行了两次成功的飞行试验。文献［12］提出了一种依赖变参数的在线增益调度控制器设计方法，通过引入松弛变量，有效降低了控制算法的保守性。文献［13］在传统增益调度控制的基础上，将线性参数变化（LPV）控制与鲁棒控制相结合设计了高超声速飞行器控制器，有效增强了控制系统的鲁棒性。

2.2.2 反馈线性化控制

反馈线性化方法是解决非线性控制系统问题的常用方法之一，其设计思路是通过状态变换和反馈，将非线性系统的动态特性全部或部分转化成线性的动态特性，之后应用经典的线性控制方法进行控制器设计。反馈线性化方法的局限在于，实现模型精确线性化的前提是能够对系统的非线性特性进行完全描述，但这在实际应用中是十分困难的，因此该方法难以应用于具有显著不确定动态特性的非线性系统。

文献［14］针对考虑参数不确定性的高超声速飞行器动力学模型，设计了最优控制器的参数，实现参数摄动下的稳定控制。为处理高超声速飞行器模型中存在的非线性耦合，文献［15］将反馈线性化控制与特征模型自适应控制相结合设计控制器，有效提高控制系统的鲁棒性。但是，为了简化控制器设计，文献［12-15］均未考虑弹性振动的影响，控制系统的设计对象为不包含弹性状态量的刚体动力学模型，该模型不能充分反映高超声速飞行器的动力学特征。

2.2.3 滑模控制

滑模控制是一种非线性变结构控制方法，20 世纪 50 年代由苏联学者 Emelyanov 等提出，现已成为非线性控制理论的重要分支之一。滑模控制的设计思想是首先为系统状态或误差设计一个稳定的运动模态（滑模面），之后设计控制器将系统轨迹引导至滑模面，并迫使系统轨迹在以后的时间里保持并沿着滑模面运动。

由于滑模控制具有强鲁棒性和较强的实用性，因而得到了广泛应用。但是传统滑模控制存在较为严重的抖振现象，有可能激励高超声速飞行器的弹性状态量，因此相关文献多针对如何减弱滑模抖振开展研究。文献［16］提出一种滑模预测控制器设计方法，避免了常规滑模控制的高频切换。文献［17］对高超声速飞行器高阶滑模控制策略进行了深入研究探索，保证了控制输入的准连续或连续切换，有效地减弱了抖振现象。

2.2.4 反演控制

20 世纪 90 年代发展起来的反演控制方法是一种非线性系统直接设计方法，其设计思想是从距控制输入最远的那个标量方程开始向着控制输入“步退”，以使整个闭环系统满足期望的动态性能和稳态性能，并实现对系统的全局调节或跟踪。反演控制方法的缺点是对于高阶系统来说，反演控制需要对选取的虚拟控制量反复求导，导致出现虚拟控制量的导数计算量膨胀问题，针对这一问题现在主要的解决方法是引入动态面法[18]或精确微分器对虚拟控制量的导数进行求解[19]。

由于反演设计方法在处理非匹配不确定性方面的独特优势，现已成为高超声速飞行器控制系统设计的主流方法之一[18-22]。文献［21］提出一种指令滤波反演控制方法，并结合动态逆策略设计了动态状态反馈控制器，该控制器解决了传统反演控制中存在的“微分项”膨胀问题。文献［22］针对高超声速飞行器弹性体动力学模型，构造了一种鲁棒反演控制器，将模型中的弹性状态量视为扰动，构造干扰观测器对扰动进行估计并在控制律中加以补偿，以消除弹性振动对控制的影响。

2.2.5 智能控制

智能控制是传统自动控制原理与人工智能结合的产物。智能控制主要包括模糊控制、神经网络控制等。模糊控制依赖模糊数学的基本思想及理论，根据专家经验知识形成模糊规则，对非线性、不确定复杂系统可以进行很好的在线辨识。文献［23］提出了一种鲁棒模糊控制方法，将弹性状态量和包含气动参数的函数统一转化为模型中的未知函数，利用模糊系统逼近未知函数以摆脱控制系统对精确模型的依赖，并降低弹性振动对控制系统的影响。此外，该文献还设计了自适应增益鲁棒控制器对模糊逼近误差进行补偿，进一步降低了控制系统的保守性。

神经网络控制的学习和自适应能力很强，能够较好地辨识系统函数关系，实现非线性系统控制优化。文献［24］在假设未知的控制增益严格有界的前提下，引入神经网络对模型的不确定项进行逼近，并构造一种新的切换机制，保证了闭环系统的有界性。

3　当前 AHV 控制研究存在的问题

3.1　动力学建模问题

目前，AHV 的动力学建模工作主要集中在纵向平面内展开，一方面是因为仅纵向运动学模型对飞行控制而言已经足够复杂，另一方面是考虑到高超声速飞行器对姿态异常敏感，在实际飞行中应尽量避免横向机动。但是对于通常需要进行大范围机动飞行的高超声速飞行器，尤其是高超声速导弹来说，横向和滚转通道的控制问题不能忽略，六自由度建模及控制器设计是 AHV 工程实用化的前提。

3.2　控制系统的鲁棒性问题

AHV 特殊的动力学特性对控制系统提出了强鲁棒性要求，因此现有文献对提升控制系统鲁棒性的方法开展了大量研究，如经典鲁棒控制[25]、自适应控制[19]以及智能控制[23]等。但是，现有增强控制系统鲁棒性的手段大都面临着调参困难、算法复杂等诸多问题，对计算机的运算性能要求较高，距离真正的工程实际应用还有较长距离。因此，研究更加有效提升控制系统鲁棒性的控制策略是 AHV 控制器设计长期追求的目标。

3.3　控制系统实时性问题

对于传统飞行器来说，由于飞行速度较慢，对控制系统的实时性要求并不高，因此一般无须考虑控制指令延迟问题。而在高超声速条件下，若飞行器以马赫数 $Ma = 10$ 进行飞行，则控制系统每时延 1 ms，飞行弹道就会变化 3 m。因此，高超声速飞行器对控制系统的实时性要求很高，这就要求在控制器设计的过程中尽量简化算法，提高运算效率。但是，通过前面对现有 AHV 控制器设计研究的分析可以看出，为提升控制系统性能，AHV 控制器通常结合多个控制理论进行设计，参数众多，调参困难，算法复杂，这无疑会对控制系统的实时响应造成很大影响。因此如何在保证控制系统高精度、强鲁棒性的前提下，简化控制算法，减少控制参数，是急需解决的问题。

3.4 控制系统执行机构饱和或故障问题

从工程实用的角度出发，控制系统设计还需考虑其他因素的影响。其中，由于执行机构饱和导致的输入受限问题以及执行机构发生故障导致的容错问题便是控制理论与工程实践相结合的过程中出现的棘手难题。由于物理结构及超燃冲压发动机工作区域的限制，导致 AHV 控制输入必须控制在一定范围内，因此输入必然受限。对于通常飞行在复杂环境的高速飞行器来说，执行机构或传感系统出现故障的可能性较高，因此在控制系统设计中考虑容错问题尤为必要。对于控制器来说，当执行机构出现饱和或故障状态时，均会导致原有的理想控制律难以执行，控制系统性能严重下降，甚至可能致使飞行器失去控制。

目前，AHV 的输入受限控制已经成为一个研究热点问题[18-20]。针对执行机构受限问题，通常的解决办法是通过设计一个辅助系统[20]，引入新的状态量对理想控制律进行补偿，并对跟踪误差进行修正。但是该方法只能简单处理输入量瞬时受限的情况，而对于持续饱和的情况，该方法难以保证跟踪误差的有界性。因此对输入受限问题的解决仍然需要长期探索。

能够处理执行机构故障的控制策略称为容错控制（fault-tolerant control，FTC）。目前，通常容错控制的策略是将故障视为干扰，利用控制器的鲁棒性来消除其对控制性能带来的影响[26,27]。但是由于这种方法没有预设故障诊断机制，因此工程实用性不强。

3.5 控制系统瞬态性能限制问题

当前主要针对高超声速飞行器控制系统的稳态性能开展研究，即通过验证系统的跟踪误差是否能够收敛至一个有界的邻域内或渐近收敛到原点来证明闭环系统是稳定或渐近稳定的。但是，控制系统的跟踪性能不仅体现在稳态性能指标上，同时还包括控制系统的瞬态性能。控制系统的瞬态性能主要体现在跟踪误差的超调量和收敛速度等性能指标上。目前，对高超声速飞行器控制系统的瞬态性能和稳态性能同时开展研究的成果较少[28]。但在实际应用过程中，保证控制器闭环系统稳定只是最基本的要求，除此之外往往还需要对控制系统的性能指标进行一定的要求和限制，以达到更好的控制效果。因此，如何设计既能保证控制系统稳态性能又能满足预设瞬态性能的高超声速飞行器控制系统是今后需要加大研究的方向之一。

3.6 控制系统弹性振动主动抑制问题

吸气式高超声速飞行器的弹性振动与飞行控制之间具有耦合关系，正是这种耦合关系使得弹性振动抑制问题广受关注。当前研究对弹性振动引起的控制问题一般都采用被动抑制策略，即将动力学模型中的弹性状态量视为外部扰动或模型中的未知函数，利用控制器自身的鲁棒性来实现对弹性扰动的抑制。这种方法虽然实现较为简单，但无法实现对弹性状态量的精确辨识，一定程度上影响了控制精度。因此，下一步还需从主动抑制的角度开展弹性振动抑制问题研究，以获得更好的弹性振动抑制效果。例如，可针对弹性振动研究具有在线估计和辨识能力的观测器，并将观测器的结果用于控制系统设计。

4 结束语

本文在全面分析 AHV 动力学特征的基础上，对 AHV 控制系统的研究进展状况进行了详细梳理。通过前面的分析可以看出，多年来相关科研工作者对 AHV 的控制系统设计进行了广泛而深入的探索，并取

得了一系列丰硕的理论研究成果。但是，在该领域的研究过程中，尚存在着建模不精确、控制器性能不足以及工程应用难度大等难题。因此在下一步研究中，应重点围绕以下几个方面开展工作：

（1）构造更加精确的六自由度动力学模型，所建模型应能充分反映 AHV 动力学特征，为控制器的设计提供有力支撑；

（2）设计具备高精度、强鲁棒性、快实时性及高度自适应性的 AHV 飞行控制器，保证 AHV 在进行大空域机动飞行时对设定轨迹精确稳定的跟踪；

（3）在控制系统的过程中，充分考虑工程化应用可能遇到的各类问题，并给出应对措施。在面临各种紧急和突发飞行状况时，确保控制系统能够提供有效的跟踪信号，保证 AHV 的平稳飞行。

参考文献

[1] 黄志澄. 高超声速飞行器空气动力学 [M]. 北京：国防工业出版社，1995.

[2] Shaughnessy J, Pinckney S, McMinn J, et al. Hypersonic vehicle simulation model: Winged- cone configuration [R]. NASA-102610, NASA, 1990.

[3] Schmidt D. Dynamics and control of hypersonic aeropropulsive/aeroelastic vehicles [R]. AIAA-92-4326-CP, AIAA, 1992.

[4] Chavez F, Schmidt D. Analytical aeropulsive/ aeroelastic hypersonic-vehicle model with dynamic analysis [J]. Journal of Guidance Control and Dynamics, 1994, 17 (6).

[5] Bilimoria K, Schmidt D. Integrated development of the equations of motion for elastic hypersonic flight vehicles [J]. Journal of Guidance Control and Dynamics, 1995, 18 (1).

[6] Mirmirani M, Wu C, Clark A, et al. Modeling for control of a generic air-breathing hypersonic vehicle [C]. Proceedings of Guidance, Navigation, and Control Conference and Exhibit. San Francisco, California: AIAA, 2005.

[7] Keshmiri S, Mirmirani M D, Colgren R D. Six-DOF modeling and simulation of a generic hypersonic vehicle for conceptual design studies [C]. Proceedings of Modeling and Simulation Technologies Conference. Providence, Rhode Island:

AIAA, 2004.

[8] Bolender M A, Doman D B. Nonlinear longitudinal dynamical model of an air-breathing hypersonic vehicle [J]. Journal of Spacecraft and Rockets, 2007, 44 (2).

[9] Parker J T, Serrania A, Yurkovich S, et al. Control-oriented modeling of an air-breathing hypersonic vehicl [J]. Journal of Guidance, Control, and Dynamics, 2007, 30 (3).

[10] 吴宏鑫，胡军，谢永春. 基于特征模型的智能自适应控制 [M]. 北京：中国科学技术出版社，2009.

[11] 孟斌，吴宏鑫. 一类飞行器姿态动力学特征建模研究 [J]. 中国科学：技术科学，2010，40 (8).

[12] 王明昊，刘刚，赵鹏涛，等. 高超声速飞行器的 LPV 变增益状态反馈 H_∞ 控制 [J]. 宇航学报，2013，34 (4).

[13] 后德龙，王青，董朝阳，等. 高超声速飞行器切换多胞系统自适应跟踪控制 [J]. 系统工程与电子技术，2014，36 (5).

[14] 刘晓韵，王静，李宇明. 基于反馈线性化/LQR 方法的高超声速飞行器姿控系统设计 [J]. 航天控制，2014，32 (4).

[15] 杜立夫，黄万伟，刘晓东，等. 考虑特征模型的高超声速飞行器全通道自适应控制 [J]. 宇航学报，2016，37 (6).

[16] 高海燕，蔡远利. 高超声速飞行器的滑模预测控制方法 [J]. 西安交通大学学报，2014，48 (1).

[17] Tian B L, Su R, Fan W R. Multiple-time scale smooth second order sliding mode controller design for flexible hypersonic vehicles [J]. Journal of Aerospace Engineering, 2015, 229 (5).

[18] Wang P F, Wang J, Shi J M, et al. Adaptive neural back-stepping control with constrains for a flexible air-breathing hypersonic vehicle [J]. Mathematical Problems in Engineering, 2015 (11).

[19] Wang P F, Wang J, Bu X W, et al. Adaptive fuzzy back-stepping control of a flexible air-breathing hypersonic vehicle subject to input constraints [J]. Journal of Intelligent & Robotic Systems, 2016 (11).

[20] Xu B, Wang S X, Gao D X, et al. Command filter based robust nonlinear control of hypersonic aircraft with magnitude constraints on states and actuators [J]. Jour-

nal of Intelligent and Robotic Systems, 2014 (73).

[21] Ji Y H, Zong Q and Zhou H L. Command filtered back-stepping control of a flexible air-breathing hypersonic flight vehicle [J]. Journal of Aerospace Engineering, 2014, 228 (9).

[22] 王鹏飞, 王 洁, 罗畅, 等. 高超声速飞行器输入受限反演鲁棒控制 [J]. 控制与决策, 2017, 32 (2).

[23] Wang Y F, Jiang C S, Wu Q X. Attitude tracking control for variable structure near space vehicles based on switched nonlinear systems [J]. Chinese Journal of Aeronautics, 2013, 26 (1).

[24] Xu B, Yang C G, Pan Y P. Global neural dynamic surface tracking control of strict-feedback systems with application to hypersonic flight vehicle [J]. IEEE Transactions on Neural Networks and Learning Systems, 2015, 26 (10).

[25] Buschek H, Calise A. Fixed order robust control design for hypersonic vehicles [C]. Proceedings of Guidance, Navigation and Control Conference. Washington, DC: AIAA, 1994.

[26] Wu G, Meng X. Nonlinear disturbance observer based robust backstepping control for a flexible air-breathing hypersonic vehicle [J]. Aerospace Science and Technology, 2016 (54).

[27] Hu Q, Meng Y. Adaptive backstepping control for air-breathing hypersonic vehicle with actuator dynamics [J]. Aerospace Science and Technology, 2017 (67).

[28] Yang J, Zhao Z H, Li S H, et al. Composite predictive flight control for air-breathing hypersonic vehicles [J]. International Journal of Control, 2014, 87 (9).

临近空间高超声速飞行器协同制导控制总体技术研究

樊晨霄　王永海　刘　涛　秦绪国　梁海朝

本文从未来技术发展体系化信息化的趋势出发，对临近空间高超声速飞行器自主协同的应用价值进行了分析研究。阐述了“高超声速飞行器自主编队”系统概念和发展现状，分析和梳理了飞行器自主协同作战中高超声速飞行器协同制导控制的核心技术，在此基础上对高超声速飞行器协同制导控制系统总体技术进行了论述，并从通信与决策系统和飞行控制系统两方面分析了系统的关键技术，为高超声速飞行器自主编队系统的实现提供参考。

引　言

伴随着航天技术的发展，高度范围在 20 ~ 100 km 的临近空间特有的战略意义日益凸显。对临近空间的开发和利用正成为各航空航天大国关注的热点，它们不惜投入大量人力物力研究高超声速临近空间飞行器，并已取得大量的技术突破。“冲破平流层，进军临近空间”已经成为世界军事强国谋求空天优势、抢占战略制高点的重要措施[1]。另外，由于现代陆海空天一体化防御技术迅速发展，尤其是高价值军事目标（如航母战斗群和战略指挥中心等）的区域防空、近程防御力量组成了多层反导防空体系，使得制导武器的突防作战能力和攻击效果大大下降。为了突破敌方的多层反导防空体系，世界各军事大国都先后投入大量的人力、物力和财力，加强飞行器编队协同攻击系统的总体技术研究，不断提高协同攻击武器系统的作战效能[2]。我国高超声速飞行器编队技术尚未开展系统研究。

本文对“高超声速飞行器自主编队”系统概念、发展现状进行了阐述，对协同制导控制总体技术进行了论述，并分析了通信与决策系统以及飞行控制系统等临近空间高超声速飞行器协同制导控制亟需发展的关键技术，为临近空间高超声速飞行器自主编队系统的实现提供参考。

1　系统概念及发展现状

高超声速飞行器自主编队协同制导控制（Cooperative Guidance and Control of Hypersonic Vehicle Autonomous Formation，CGC-of-HVAF）是根据作战任务要求，保证成员通过支撑网络组成具有态势感知和群体认知能力的编队，能依据综合作战效能最大原则，自主地实施编队决策与管理，并导引与控制编队完成作战任务的原理方法和技术。

高超声速飞行器能够在临近空间以大于马赫数 5 的速度飞行，包括再入大气飞行器和各种类型的空天飞机，具有飞行速度快、飞行空域广、响应时间快、飞行环境复杂等特点。而 CGC-of-HVAF 原理、方法和技术是实现多种不同类型的高超声速飞行器自主地组成编队，遂行多批次和成规模的有效协同作战任务的重要基础，是提升“网络中心战”框架下精确制导武器的电子对抗能力、协同突防能力、大范围分布目标的搜索能力和识别能力，降低作战消耗，提高效费比等综合作战效能的必由途径。概括起来，高超声速飞行器协同制导控制技术具有以下三方面意义：

（1）可以促生打击具有高防御能力和高军事价值的目标实施突发性、高密度、强对抗全时空饱和精确打击作战的新模式。

（2）可以在赛博空间[3]中为新型制导武器提供更加灵活和更大的战术运用空间，大幅提升制导武器系统的综合作战效能。

（3）既能充分发挥低成本制导武器装备的规模优势，又可利用新型制导武器的高技术优势，形成协同电子对抗、梯次联合突防、规模饱和打击等手段，有效克制敌方高新技术武器装备的优势，实施战略威慑，为体系对抗提供有力保障。正是基于 HVAF 潜在的巨大作战效能，目前世界军事大国纷纷开展或加快该领域的技术研究。图 1 所示是美国高超声速飞行器 X-43，图 2 所示是高超声速飞行器 X-51。飞行器协同编队技术的前沿研究情况如表 1 所示。

图 1　飞机挂载的 X-43

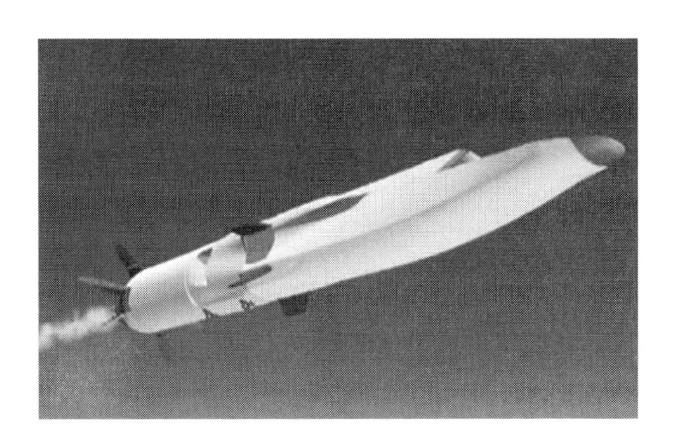

图2 X-51A

表1 典型飞行器协同组网研究进展情况

编队飞行计划	典型飞行器	研制单位	巡航速度	主要技术	主要用途
MSET	巡飞弹	美陆军牵头	$Ma<1$	火力控制、自主协同、数字链及支持组件技术等	围绕指挥控制（C_2）/火力控制方案构建，可处理传感器集成、火力控制和空域管理各个方面
DARPA计划	远程反舰导弹	美国防部国防预研计划局（DARPA）和洛·马公司	$Ma<1$	先进弹载传感器、先进控制技术及涡扇发动机技术	利用主/被动对抗手段突破敌防空系统，对敌舰进行精确打击
洛·马项目——未来战斗系统	待机攻击导弹；微型监视攻击巡航导弹	美国洛·马公司	$Ma=2$	初等级编队协同制导技术特征	美军“协同作战能力”系统的主要组成部分

续表

编队飞行计划	典型飞行器	研制单位	巡航速度	主要技术	主要用途
苏联项目	“花岗岩”超声速反舰导弹；“舞会”-E系统-35“天王星”反舰导弹等	苏联		多层次编队协同制导控制等级	打击水面舰船

高超声速飞行器的飞行马赫数高，对材料、发动机技术等均有较高要求，而目前世界上的导弹自主编队技术主要应用于马赫数小于1的亚声速巡航导弹，而对高超声速飞行器自主编队及其协同制导控制方法的研究甚少，因此对高超声速飞行器编队的研究就很有必要性。本文从HVAF协同制导控制总体技术、通信与决策系统、飞行控制系统三方面，从上而下展开对高超声速飞行器协同制导控制技术的论述。

1.1 HVAF典型飞行区

按发射基点分类，高超声速飞行器的发射方式可分为陆基发射、空基发射和水下发射。其典型飞行轨迹通常分为初始段、中段和再入飞行段。对于编队来讲，成员的典型弹道和编队的作战任务需求是HVAF典型飞行区域划分的主要依据。通常把HVAF的典型飞行区域分为下列四部分：

（1）编队集结区。主要涵盖初始段、中段和再入飞行段的部分弹道。由不同平台、不同发射点和不同发射方式的多个成员按照初始装订或根据作战任务要求完成编队集结，为下一步的编队协同行动做好准备。

（2）编队飞行区。主要涵盖再入飞行段，也是编队成员的中制导段。编队根据综合作战效能最大化原则自主完成综合电子对抗和突防等任务的编队决策与管理及其编队飞行。

（3）编队交班区。主要涵盖制导交班段，是中制导和末制导的衔接段，是飞行器成员从中制导转换到末制导的关键阶段。飞行器编队根据综合作战效能最大化原则自主完成任务动态规划、目标捕获和目标动态分配以及中末制导交班等任务的编队决策与管理。

（4）末制导区。主要涵盖末制导段，是飞行器成员直接依靠自身及其所在的子编队内邻居指引导引头获取目标信息等。为了保证综合作战效能最大化，编队可分解为更小规模的子编队，在导引头和末制导规律导引下向着各自分配的目标飞行，并按照所给定的入射角度击中目标或者反馈战损评估信息。HVAF 的典型飞行区如图 3 所示。

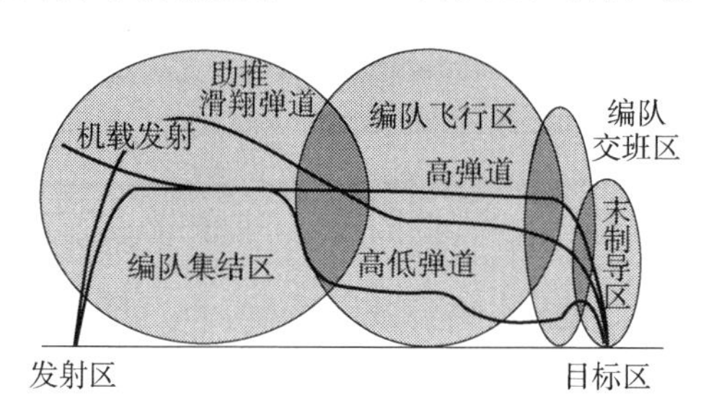

图 3　HVAF 的典型飞行区

1.2　协同制导控制系统体系结构

HVAF 体现自主性和协同性的重点已经不是成员个体的自动化，而是与其他成员个体的配合和协同能力。从成员个体利益、局部利益和群体利益三个方面，探讨 CGC-of-HVAF 的系统架构，该系统具体包括五个部分：信息获取系统、编队决策与管理系统、编队飞行控制系统、成员飞行控制系统、编队支撑网络系统[4]。编队的制导控制系统通过支撑网络实现互联通信，各个节点基于支撑网络通过信息获取系统，得到局部节点的信息，网络特征信息和任务环境特征信息；决策与管理系统对这些信息进行分析，权衡成员个体代价和群体代价，进行任务规划/目标分配、协同航路规划/队形优化，形成导引轨道和编队队形优化指标，最后通过编队飞行控制系统和成员飞行控制系统完成编队飞行控制。信息获取系统、编队决策与管理系统和支撑网络系统可以概括为通信与决策系统，而成员飞行控制系统和编队飞行控制系统可以概括为飞行控制系统，如图 4 所示。

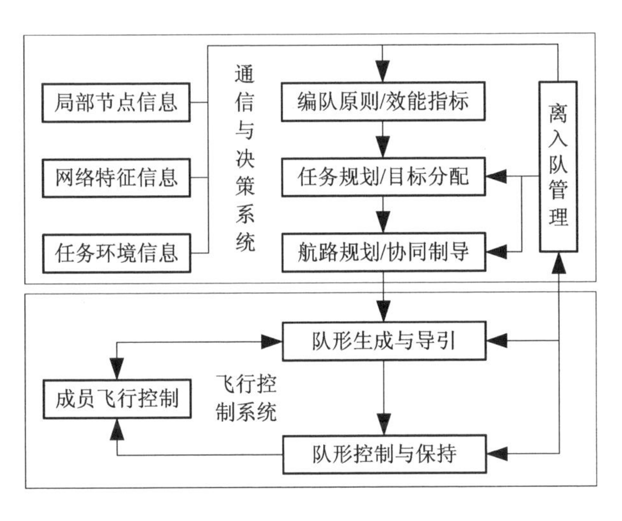

图 4　CGC-of-HVAF 体系结构

2　通信与决策系统

通信与决策系统包括编队支撑网络、信息获取系统和编队决策与管理系统三个部分。

2.1　编队支撑网络

支撑网络是联系编队中每个成员的纽带，是作为依附于编队成员个体之上的虚体，对成员之间的协同起着重要作用。支撑网络是群体智能的一种网络化体现，使飞行器群体中的成员个体能够仅依赖当前短时间内从局部获得的信息或过去获得的信息，评估自身将来的行为对整个群体造成的影响。如果要完成这一链式效应可能导致的后果估计，支撑网络需要通过某种协议使单个节点认知其在网络中的地位及其与周围其他节点间的关系，为每个节点参与自主编队飞行控制提供群体代价信息，这就是支撑网络不同于普通通信网络的特点之一。

2.2　信息获取系统

编队信息获取系统如图 5 所示，其应保证实时准确地提供局部节点信息、网络特征信息和任务环境信息。

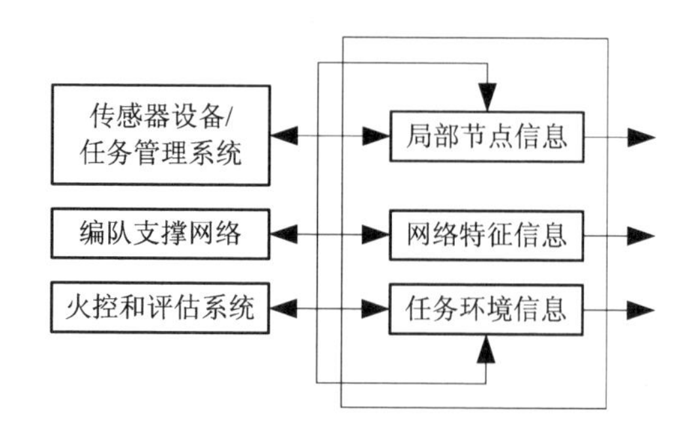

图 5　编队信息获取系统

该系统正常运行的基准在于系统的时空配准以及实现编队自主飞行的相对导航问题。自主编队的时空配准主要解决多飞行器及其多传感器和探测器测量同一对象时会产生时间异步和坐标系不统一，进而导致无法进行数据融合。其中，自主编队的时空配准存在拓扑关系，如图 6 所示。其配准方法可分为平台级空间配准和系统级多传感器空间配准。

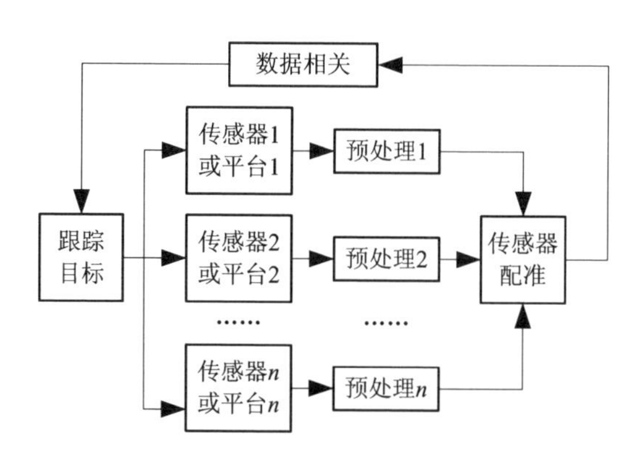

图 6　自主编队时空配准拓扑

2.3　编队决策与管理系统

编队决策与管理系统是 CGC-of-HVAF 的重要环节，其遵循编队基本原则，负责个体代价与群体代价的权衡，包括综合作战效能指标、编队冲突的调解、节点的离/入队管理，实时任务规划/目标分配、协同航路规划/协同制导等过程的决策与管理，优化生成编队队形和队形导引指令。它是保证按要求完成既定任务的中枢系统，其系统性能决定着编队的自主程度与编队自组织管理水平的高低。其体系结构如图7所示。

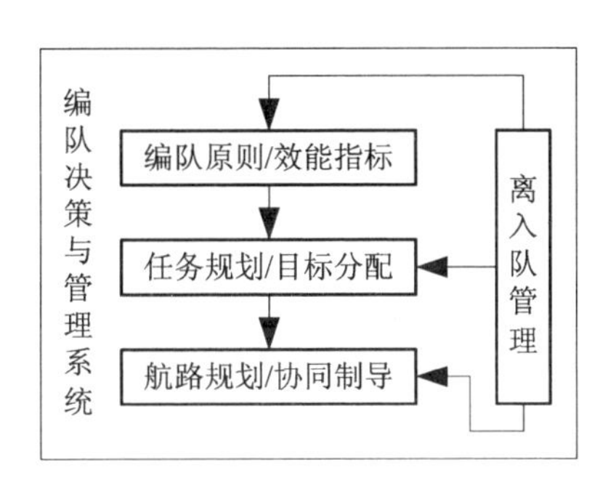

图7　CGC-of-HVAF编队决策与管理系统体系结构

首先根据之前所述HVAF的3个基本原则制定作战效能指标，并且对编队制导控制系统的“可用性”“可信性”和“能力”进行量化评估，由WSEIAC给出的系统效能表达式为[5]

$$E = A \cdot [D] \cdot C \tag{1}$$

式中，E为效能向量；A为可用性行向量；$[D]$为可信性矩阵；C为能力向量。基于系统效能评价结果，进行任务规划和动态目标分配。高超声速飞行器编队对目标群攻击时，要在规定时间内对战区目标进行合理分配，实现战场态势实时重构以及实时任务规划。不同于中低速或者是超声速飞行器，由于大部分飞行弹道速度高于马赫数5，HVAF要求单个成员的战场态势重构时间最好在毫秒甚至是微妙级，目标分配的原则是对目标群的杀伤概率最大并尽可能避免重复攻击和遗漏。这是一个NP难问题[6]，其求解方法多样，比如匈牙利算法、穷举及其改进方法等。但是多数问题实时性难以保证，难以满足在线实时动态分配的要求。当前比较有效的协同制导目标动态分配模型是先利用一轮拍卖得到初始解，然后基于禁忌搜索的改进算法对初始解进行修正，以在规定时间内得到导弹成员的次优目标分配方案，最后综合所有成员的分配方案，利用服从多数原则进行表决得到整个编队的目标分配结果，从而为编队成员的协同航路规划提供依据，而后者通常可以分解为单成员 TF/TA2 综合最优航路规划，以及编队协同航路规划。单弹航路规划方法比较成熟，许多主流优化算法均可以满足单弹航路规划的控制要求，而协同航路规划方法则还要以编队三原则为基本指导，从而保证编队的整体作战效能。图 8 所示是一种二维航路规划示意。其中字母所示点都是关键航迹决策点。

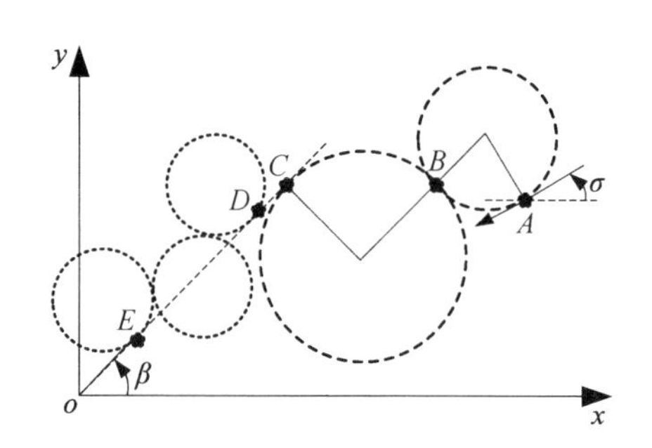

图 8　高超声速飞行器动态航路规划示意图

构成编队决策与管理系统的最后一环是离入队管理控制。在 FVAF 自主随行任务的过程中，由于成员故障、突防失败、由于临近空间黑障区的存在，或者是飞行器成员速度可控性差异以及战场态势等因素的影响，编队成员可能会离开或者重新加入编队飞行，因此编队规模也将发生动态变化。所以要通过离/入队管理策略来实时适配上述其他各个环节。目前，学者们主要把基于相邻矩阵图论法思想应用于离/入队管理[6]，使得当飞行器加入或离开编队时，编队能够快速组成新的队形继续遂行任务。

3　飞行控制系统

飞行控制系统分为编队飞控系统和成员飞控系统两部分。编队飞行控制为成员飞行控制系统的实现提供设计要求和设计条件；成员飞控系统是编队飞行控制的基础和保证。

3.1 编队飞控系统

该系统包括编队的队形生成与导引、队形控制与保持两大部分，其职责是根据编队决策与管理系统所生成的编队优化指标和编队的队形要求，实时优化并形成队形导引、控制与保持的指令。其输入/输出关系与内部结构如图 9 所示。

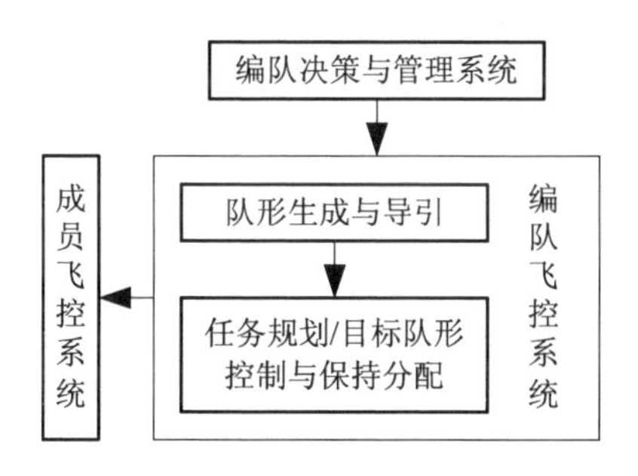

图 9　编队飞控系统结构

构成编队的几种常用基本队形包括横纵队形、楔形、菱形、梭形和多边形等，如图 10、图 11 所示。编队决策与管理系统应根据态势感知所获得的信息和编队本身信息，实时生成所需要的由基本队形构成的编队的目标队形 Fe。Fe 可根据队形[7]要求进行构建。编队的目标队形 Fe 为每个编队成员 i 设定期望的安全距离余量 $\Delta\mu_{eij}$，依据该期望编队可快速准确地形成所要求的目标队形。

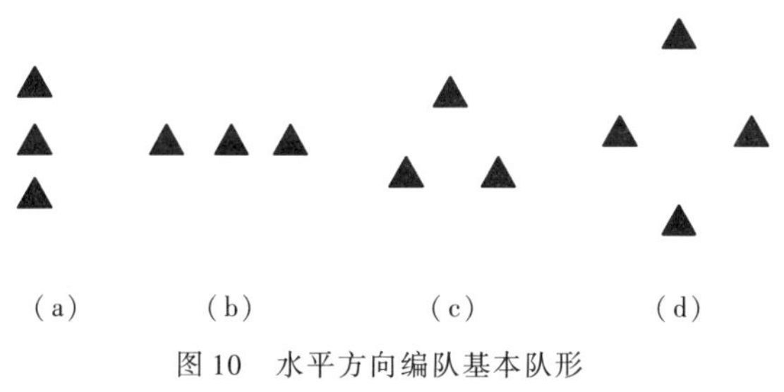

图 10　水平方向编队基本队形

(a) 纵队；(b) 横队；(c) 楔形；(d) 菱形

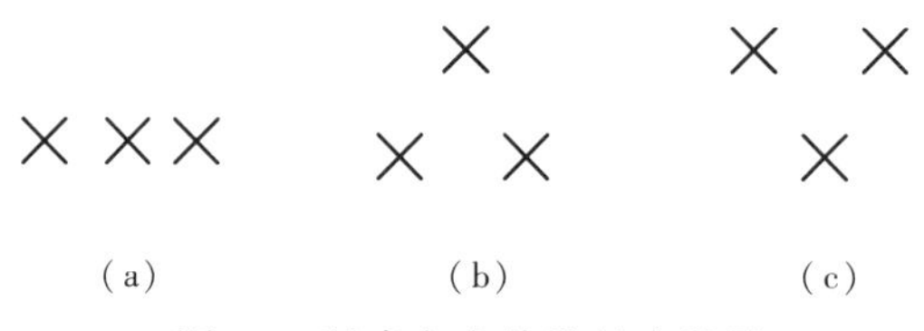

（a）　　（b）　　（c）

图 11　竖直方向编队基本队形

（a）低空突防队形；（b）一弹高空领航；（c）多弹高空领航

传统的飞行器飞行编队由于速度不高，因此既可以组成疏松编队，也可以进行密集编队飞行。对于高超声速飞行器，飞行环境恶劣，速度极高，因此如果进行密集编队飞行，其成员碰撞概率会大幅蹿升，且编队也无法实现战略威慑与多点打击效能。因此疏松编队是高超声速飞行器编队的主要讨论方面。由于速度超高，疏松编队对协同制导控制器的性能要求也较高，其所有成员 ε 的安全距离余量的数学期望应满足 $\Delta\mu_{ij} \geqslant 3\sigma_{ij}$。从某种意义上看，疏松编队通过设置远大于安全距离的节点间距来实现避碰。编队控制器的设计应建立在编队构型控制要求分析的基础之上，使用基于状态空间的 MPC 编队保持控制器较为有效[5]，设计相应的预测模型、滚动优化策略和反馈矫正策略。预测模型中，通常将节点相对距离在半速度坐标系的投影、弹道偏角和节点速度模量作为状态描述变量，通过支撑网络直接传递节点的弹道偏角和速度，从而首先完成编队离散运动模型的创建，再得到状态向量的预测值，并将预测时域和控制时域的影响考虑在内，最终得到状态预测方程。对于滚动优化，可以通过基于代价函数的方法将其转化为可解的约束优化问题。在每一个计算周期内，当前状态值都作为初始状态对自身和预测值的差异进行反馈矫正。当然，编队控制方法还应考虑网络诱导时延的影响。

3.2　成员飞控系统

成员飞控系统是每个飞行器成员 ε 的飞行姿态和轨迹的制导控制系统,其典型系统结构是以六自由度刚体假设为基础的三回路结构形式。成员飞行控制器的性能是决定其制导控制精度 $\sigma_i(t)$ 的主要因素，是实现高品质 HVAF 的重要环节之一。

可通过基于网络的控制系统来构建 HVAF 的成员飞行控制系统模型。在实际应用中网络的带宽和承载能力有限，再结合其他影响因素，信息传输不可避免存在时延问题。从闭环控制角度看，网络控制系统的控制器、执行器、被控对象、传感器是通过通信网络实现闭环的，网络控制系统结构如图 12 所示。

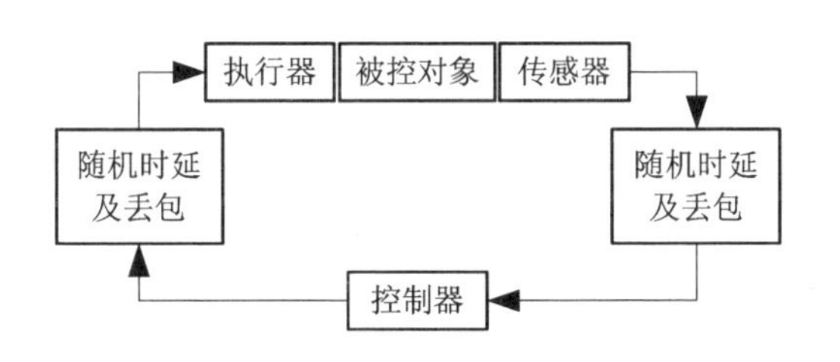

图 12　闭环网络控制系统结构

由于通信问题对系统造成的不利影响是现阶段网络控制系统面临的主要问题。相关研究可以分为以下两类：首先是设计减少对控制系统不利影响的特定通信协议，比如各种拥塞控制算法等。另外是以真实存在的网络化条件作为给定的环境，设计出合理控制策略，解决上述问题。对于分布式网络控制系统，时延从控制功能角度可分两种：一种是传感器、控制器节点与执行器节点之间存在着的网络通信传输时延，另一种是实时将测量信号数据发送给执行器节点，由执行器完成控制并驱动被控对象。目前网络控制系统建模方法有多种[8-10]，可以使用短时延、多包、多输入/输出，长时延、丢包系统建模和控制器设计方法；也可以将具有长时延和丢包的网络控制系统建成马尔可夫跳变系统，将网络时延大于一个周期的网络控制系统建成具有结构不确定性的离散时间模型。具体设计方法要根据任务需求侧重点和编队成员传感器和执行器能力进行分析确定。

4　结束语

技术融合与领域突破是未来科技发展呈现出的重要趋势。由多个技术群并行主导的新技术变革将会迅猛而广泛地影响未来装备的发展，催生新型技术力量。临近空间资源利用和高超声速飞行器自主编队在未来具有极其重要的战略意义，二者结合发展更是具有深远意义。临近空间高超声速飞行器与自主编队协同制导控制技术的深度融合，将传统高超声速飞行器工作模式由“单刀直入”转变为“组合攻击”“多点开花”，这将是高速发展的临近空间技术领域新的技术增长点。

参考文献

[1] 李小将，李志德，杨健，等. 临近空间装备体系概念及关键问题研究［J］. 装备指挥技术学院学报，2007，18（4）.

[2] 于运治. 美国防空反导多目标杀伤拦截器发展研究［J］. 飞航导弹，2017（8）.

[3] 徐新照. 影响信息战能力集群式创新的因素分析及对策［J］. 国防科技，2010（5）.

[4] 吴森堂. 导弹自主编队协同制导控制技术［M］. 北京：国防工业出版社，2015.

[5] 吴森堂. 飞航导弹制导控制系统随机鲁棒分析与设计［M］. 北京：国防工业出版社，2010.

[6] Donald E K. Introduction to algorithms［M］. Cambridge：Massachusetts Institute of Technology，Prentice-Hall，2013.

[7] 胡楠希. 飞航导弹编队协同末制导技术研究［M］. 北京：北京理工大学出版社，2000.

[8] 熊远生，钱苏翔，吴伟雄. 网络控制系统的研究现状综述［J］. 工业仪表自动化装置，2006（1）.

[9] Chan H，Özgüner Ü. Closed-loop control of systems over a communications network with queues［J］. International Journal of Control，1995，62（3）.

[10] Luck，Rogelio，Asok Ray. An observer-based compensator for distributed delays［J］. Automatica，1990，26（5）.